いのちをつなぐ動物園

生まれてから死ぬまで、動物の暮らしをサポートする

京都市動物園
生き物・学び・研究センター 編

小さ子社

目次

はじめに　4

第1章 京都市動物園にようこそ　7

1 古くて新しい京都市動物園……8
近くて楽しい動物園／営業を続けながら工事が続く／リニューアル以降の京都市動物園

2 動物園の中は7つのゾーン……14
もうじゅうワールド／アフリカの草原／おとぎの国／サルワールド／ひかり・みず・みどりの熱帯動物館／京都の森／そして「いのちかがやく動物園」へ

第2章 生まれてから死ぬまで動物の暮らしをサポートする―動物福祉の取り組み―　49

1 動物福祉とはなにか……50

2 第14回国際環境エンリッチメント会議―世界の動物福祉事情―……54
環境エンリッチメントとは／動物福祉の潮流

3 京都市動物園での取り組み―実践から研究まで―……65
知恵を絞って努力を続ける／トラがウロウロする時はいつなのか／ニイニから広がる世界／動物福祉の客観的評価

4 動物園全体で考える動物福祉……85
どこに動物福祉のリスクがあるのか？／さらなるパワーアップを目指して

5 これからを見据えて―生まれてから死ぬまで動物の暮らしをサポートする―……95

第3章 研究する動物園　101

1 動物園で研究!? ってどういうこと？……102

2 希少種の保全と分子遺伝学……104
生物多様性（バイオダイバーシティー）とは／遺伝的多様性がなぜ必要か？／集団遺伝学／DNAを調べる／グレビーシマウマの保全に向けて／ツシマヤマネコの遺伝的多様性はどの程度？

3　野生個体の保全のための技術 …… 115
動物園で飼育される動物の利点　／　性別を明らかにする　／　種判別・亜種判別　／　チンパンジーの年齢推定

4　身体障害を伴うチンパンジーの幸せとは？ …… 122
動物園で研究者として働く　／　寝たきりだったチンパンジー　／　群れに戻ったチンパンジー　／　脳性まひのチンパンジー　／　身体障害チンパンジーと一緒に暮らすチンパンジー　／　身体障害を伴うチンパンジーの福祉とは？　／　ハンデがある動物たち、彼らを見るヒトたち

第4章　ラオスのゾウと動物園　137

1　ゾウがつなぐラオスと京都 …… 138
京都市動物園の〈ゾウの森〉　／　動物園のゾウを取り巻く厳しい状況　／　ラオスと京都市との関係　／　「ゾウの繁殖プロジェクト」　／　ゾウに会いにラオスに行く　／　ラオスでのゾウの役割　／　野生のゾウのいる森　／　市民発のラオスへの恩返し　／　ラオスをもっと知ってもらうために

2　新たな群れの誕生 …… 151
ゾウの引きこもり　／　ゾウのトレーニング　／　ゾウの同居

終章　そして京都市動物園のすすむ道　160
動物園だけでできないことも協力すればできるかもしれない

あとがき　164
もっと知りたい人のための書籍・Webサイトリスト　168
執筆者紹介　170

【コラム】
小さく地味な主役、イチモンジタナゴ …… 47
野生で暮らす動物と動物園で暮らす動物 …… 52
国際会議の準備から開催まで …… 64
ゴリラたちのハズバンダリートレーニング …… 69
常同行動とは結局なんなのか …… 73
人工哺育の考え方 …… 83
ほのかのいちにち …… 91
ふれあいの葛藤 …… 93
ヒトと動物の間に絆は生まれるのだろうか？ …… 98
チーターと遺伝的多様性 …… 110
まずはどのように暮らしているのかを
知ることが大切──キリンの夜の睡眠事情 …… 120
京都市動物園の教育プログラム …… 157

はじめに

本書は、京都市動物園の「今」の姿を紹介している。

京都市動物園は、明治36年開園の、日本では恩賜上野動物園に次いで2番目に古い動物園だが、2008年に京都大学との連携を機に、「共汗でつくる新『京都市動物園構想』」を策定し、それに基づく全面リニューアルを行い、大きく変わった。その変化は今も続いている。さらに本書が刊行されるまさに同じタイミングで、京都市動物園は次の10年を見据えた「いのちかがやく京都市動物園構想2020」を発表した。したがって、本書で紹介したさまざまな取り組みは、これからも変わり続けることだろう（おそらくよい方向に）。

京都市動物園の取り組みを紹介した本としては、本書の執筆者のひとりである、田中正之による『生まれ変わる動物園―その新しい役割と楽しみ方―』（化学同人、2013年）がある。2008年の連携以降の5年間の取り組みを紹介したものだった。本書はその後の京都市動物園の取り組みのうち、とくに現在の動物園・水族館が直面する、世界の流れである「動物福祉」を主軸として据えた内容になっている。つまり、本書の副題とした「生まれてから死ぬまで、動物の暮らしをサポートする」という京都市動物園の姿勢を表した。

第1章では、2015年に全面リニューアルされ、「生まれ変わった」京都市動物園を一巡りするかたちで、7つに分けられたゾーンごとに動物たちの写真を交えながら紹介した。それぞれのゾーンで飼育展示されている動物の紹介だけでなく、そこでの課題も紹介した。

第2章では、本書のメインテーマとなる「動物福祉」の取り組みを紹介した。この章で大きく取り上げたのが、2019年6月に、京都市で開催した「第14回国際環境エンリッチメント会議」だ。日本では初開催となるこの国際会議には、国内外から350人を超える参加者が集まり、日本の動物園関係者も多数参加した。動物福祉を考え、そのために飼育動物の生活環境を改善する環境エンリッチメントと呼ぶ取り組みは、現在では動物園・水族館の常識となった。この領域では、日本は海外、とくに欧米の動物園に後れをとっていたが、あえて日本の中でも小さな京都市動物園で、公開シンポジウムや環境エンリッチメントのワークショップを行った。限られたスペース、限られたマンパワー、限られた予算の中で、動物たちが幸せに暮らせるように努力している京都市動物園を世界に向けて紹介した。このほか第2章では、京都市動物園での動物福祉の具体例を紹介した。また、実際に飼育現場で動物たちと向き合う職員の思いを、彼らが自らコラムとして掲載している。動物をめぐるさまざまな思いを届けたい。

第3章は、さらに「研究」に特化した章とした。国内の動物園の中でもとくにユニークな組織である京都市動物園 生き物・学び・研究センターの研究者2人が取り組む、対照的な研究を紹介する。ひとつめは、ミクロな視点からの遺伝学の研究例。遺伝子解析技術が発展した現在では、日本の動物園にいる動物、とくに絶滅が危惧される希少野生動物を、個体レベルで管理して繁殖計画を立てようとしている。そのための研究を基本からわかりやすく解説を試みた。もうひとつは、チンパンジーの行動観察に基づく研究の例。獣医学的な治療技術が発展し、国内の動物園でも、高齢であったり、身体障害をもっていても生活を続けられる個体が見られるようになった。このような事態は、種を問わずやがて国内の多くの動物園が直面するだろう。この課題に取り組んだ研究を紹介する。

第４章は、２０１５年に東南アジアの国、ラオスからやってきたゾウにまつわる話。どのような経緯でラオスからゾウがやってくることになったかを紹介した。そこには動物園だけでなく、両国に関わる多くの方の努力の結果として、今から思えば奇跡ともいえるスムーズさでゾウがやって来ることになった。若い４頭のゾウたちが来園してから、以前から飼育していたゾウである美都（みと）との関係は、日々変化している。そんなゾウたちに寄り添う飼育担当者の思いを語ってもらった。

終章では、本書で取り上げきれなかった京都市動物園の活動を紹介し、まとめるよりもさらに広がっていく京都市動物園を取り巻く世界を紹介した。その取り組みは、次なる「いのちかがやく京都市動物園構想２０２０」に引き継がれていく。

本書に寄稿しているのは、すべて京都市動物園の職員である。研究と教育の担当部門である生き物・学び・研究センターのスタッフに加えて、飼育スタッフも自身の取り組みや思いをコラムに著した。しかし、本書で紹介した取り組みを支えているのは、事務系職員も含めた京都市動物園の全スタッフであり、さらに京都市動物園と連携する多くの大学や研究機関、その他多くの人たちの協力があって進められていることを述べておきたい。

京都市動物園　生き物・学び・研究センター長

田中　正之

第1章

京都市動物園にようこそ

1　古くて新しい京都市動物園

京都市動物園は、京都市の東部、岡崎という地域にある。市の中心部から電車やバスで30分以内、いわゆる都市型の動物園だ。開園したのは1903年（明治36年）。所在地は、京都市左京区岡崎法勝寺町。その名前の通り、平安時代の後期、1077年に白河天皇により建立された法勝寺（ほっしょうじ）という巨大な寺院のあった場所にある。

応仁の乱以降寂れていたこの岡崎地域は、明治になって琵琶湖と京都市内をつなぐ琵琶湖疏水が開削され、再び脚光を浴びることになる。1895年、平安遷都千百年を記念して、この地に平安神宮が建立され、第四回内国勧業博覧会が開催された。博覧会の跡地に現在の岡崎公園があり、その一部に京都市動物園がある。

岡崎公園には、動物園の他に、京都市京セラ美術館、京都府立図書館、京都国立近代美術館があり、さらにロームシアター、みやこめっせ（京都市勧業館）などのイベント会場の他、美術館・ギャラリーや南禅寺、永観堂、無鄰菴など名勝の集まる文化ゾーンである。

1900年、当時皇太子であった後の大正天皇のご成婚をお祝いして動物園の

当時の正門には、「紀念動物園」と書かれた看板が掛かっていたことがわかる

開設が決まり、東京の上野動物園に次ぐ、日本で2番目の公設動物園として開園した。その費用の46％は、市民から寄せられた寄付金によるものだったという。*

そんな歴史ある京都市動物園だが、開園から100年をすぎ、その間に時代も変化した（何よりも、施設が古くなりすぎた）。京都市は2009年11月、「共汗で作る新「京都市動物園構想」」を発表し、開園以来の全面リニューアルが決定した（この構想と、その策定に関する資料は、京都市動物園のウェブサイトで公開されている。本書巻末のwebサイトリスト参照）。

*総費用3万円のうち、市費が1万6千円、寄付金が1万4千円。

近くて楽しい動物園

「共汗で作る新「京都市動物園構想」」の中心コンセプトは、「近くて楽しい動物園」。「近さ」には、京都市の中心部からの近さ（すぐに来れる便利さ）と、動物園の中での人間と動物の距離の近さ、この2つの意味が込められた。京都市動物園は、開園当時から京都市の近代化拠点のすぐそばにあり、敷地面積が開園からほとんど広げられなかった。そのため、新しく大型の施設を作る空間的な余裕はなかった。しかし、その「狭さ」を逆手に取って、動物との距離を縮める工夫が考えられた。もちろん、安全は確保した上のことである。動物との距離を近づけることによって、動物の大きさ、迫力、さらに息づかいや匂いまで感じられるように工夫された施設を造った。

もうひとつのコンセプト「楽しい」には、動物園に来たお客さんが楽しいことに加えて、動物たちも「楽しい」という、動物福祉の考えが込められていた。このときにはすでに、動物園は、お客さんを楽しませるために動物を利用するエンターテインメント施設ではなく、動物の心身の幸福にも配慮するべきだとする考え方があった。当時から現在まで10年あまりの間にも、時代は進み、世界的に見ると、動物の福祉に対する考え方はさらに厳しいものになった。その当時に考えられた配慮では、足りないことも指摘されるようになっている。この点については、次の第2章で詳しく述べたい。

営業を続けながら工事が続く

リニューアル工事期間中も、動物園の営業は続けられた。このときの来園者数は、ピーク時の昭和50年代から比べると、6割程度、年間70万人台まで減ってしまったとはいえ、春秋の遠足シーズンには多くの子どもたちや、観光客でにぎわう施設である。数年におよぶリニューアル期間に休園することはできなかった。一部の施設が工事鋼板で囲まれている中で動物園は営業を続け、工事が完成したらまた別の施設の工事が始まる。この繰り返しで、その間は動物たちにもお客さんにもたいへんな不便をかけたと思うが、２０１５年11月、予定した工事を終えて、リニューアルオープンの日を迎えた。

リニューアル前の
京都市動物園

その間にも、第4章でお話しするラオスからのゾウを迎えたり、ゴリラの妊娠と出産があったりで、たいへんな日々だった。ゴリラの出産では、母親の母乳が出なくて赤ちゃんを緊急保護して人工哺育になったり、またその後に両親の元に戻して一緒に暮らせるようにするといった、日本で初めての取り組みをした。この顛末については、『生まれ変わる動物園―その新しい役割と楽しみ方―』（田中正之著、化学同人、2013年刊、以下田中2013と略）に詳しく書いたので、ご参照いただきたい（人工哺育については本書第2章83ページコラムも参照）。

リニューアル以降の京都市動物園

新しくなった京都市動物園は、まずエントランスが大きく変わった。以前にあった厳めしい門がなくなり、自動ドアの建物に入ると、すぐ左手に明るく、開放的な図書館がある。図書館の入り口にはカフェのカウンターがあって、飲み物を手に、動物園の図書を眺められるスペースになっている。この施設の名前は、そのまま「図書館カフェ」。よく見ると、動物園らしく、収蔵品である動物のはく製が、展示されている。動物園の図書館なので、動物関係の本が多く並んでいる。動物園の来園者には小さなお子さんも多いので、絵本棚が充実している。また、ギャラリーとしても活用しているので、その時々の企画により、さまざまな動物の写真などもたくさん展示している。本を読まなくても、動物園に来た雰囲気にひたれるようになっている。

メインエントランスへのアプローチ

この図書館カフェは、正確には動物園の外の施設。だから、入るのに入園料は不要。カウンターでコーヒーを買って、本を手に取り、読み終わったらそのまま出て行ってもかまわない。でも、できたら本物の動物に会いに動物園に入ってきてほしい。

この図書館カフェのもうひとつの目玉は、「夜の図書館カフェdeトーク」というイベント。毎月、テーマを決めて講師が話題を提供し、気軽にディスカッションしてみようという、いわゆるサイエンス・カフェ。定員は20人。動物園が閉園した後の、濃密な時間を過ごせる。話題提供者は、動物園の職員のときもあれば、野外の動物調査をしている人の回もある。とくに、京都大学とつながりの深い動物園なので、海外で野生動物の調査をしている研究者に、動物園の動物が暮らす、本来の世界を紹介してもらうことができる。ときには工学者の方や、哲学者の方に来ていただいたりすることがあるし、また別の機会には芸術家グループの方をお呼びしたりと、テーマは多岐にわたる。図書館カフェのポスターか、動物園のホームページでご案内しているので、興味のあるテーマがあれば、ぜひお気軽にご参加いただきたい。

（田中正之）

図書館カフェ

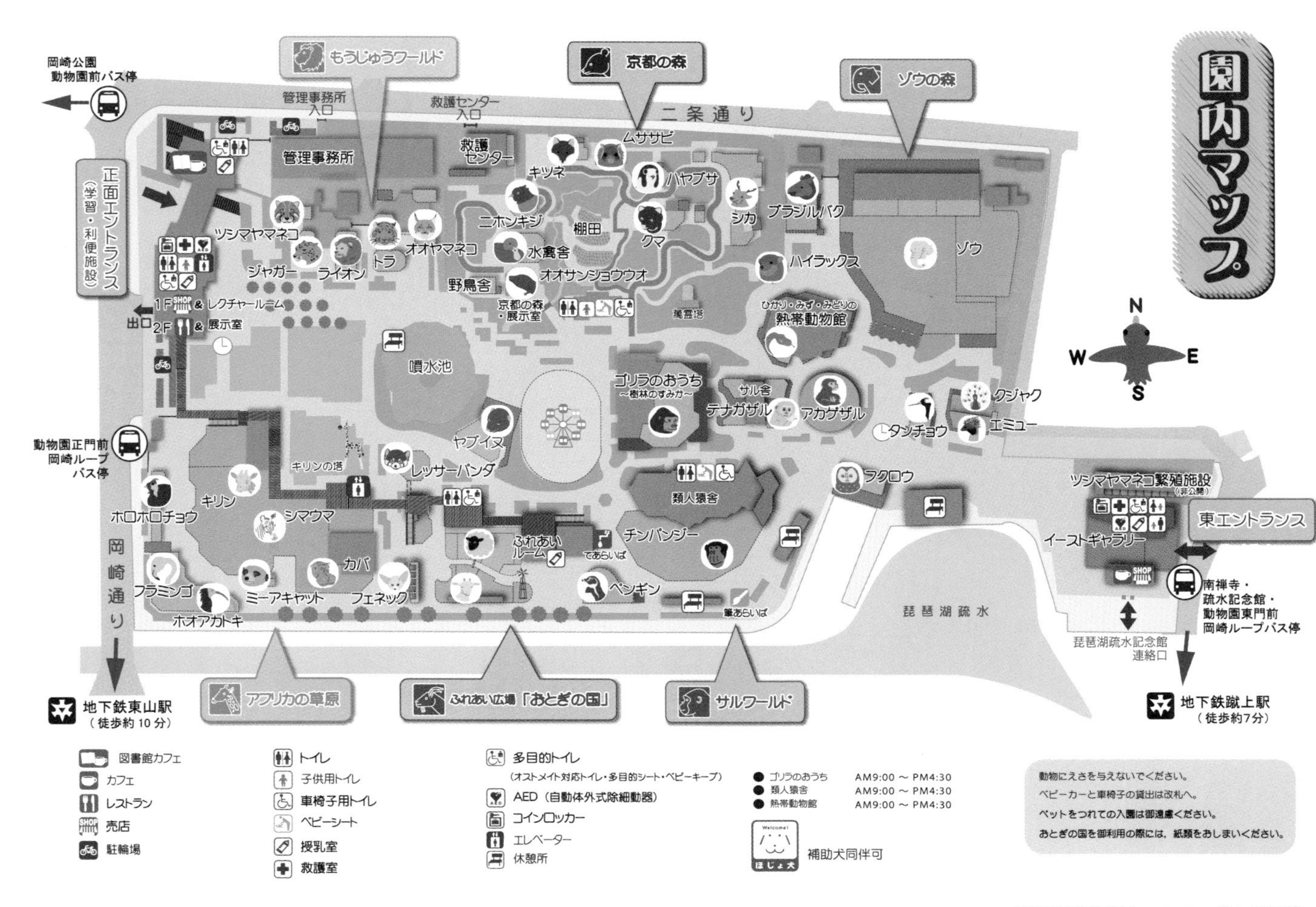

京都市動物園ホームページより転載

2 動物園の中は7つのゾーン

もうじゅうワールド

図書館カフェに寄り道してしまったが、あらためて動物園の改札を抜けると、すぐ目の前が〈もうじゅうワールド〉と名付けたゾーン。大型のネコ科動物である、ライオン*、トラ、ジャガーと、2018年にパリ動物園からやってきたヨーロッパオオヤマネコを飼育展示している。そして、地味だけどとても大事な存在なのが、日本の固有（亜）種、ツシマヤマネコ。

ツシマヤマネコは、長崎県の対馬だけに生息する野生のヤマネコである。生息環境の悪化から、生息数が減り、今では多く見積もっても110頭、厳しい推定だと80頭ほどしか残っていないと言われている。環境省の定める「絶滅危惧IA類」、つまり、現在もっとも絶滅の危険性が高い動物に指定され、野生個体の保護だけでなく、飼育下での繁殖が試みられている。環境省と日本の動物園が協力して飼育下で繁殖を進めて個体数を増やし、それと並行して生息地の環境改善を進め、やがては飼育下で繁殖した個体を、野生環境へ「再導入」することが目標だ。

〈もうじゅうワールド〉で展示されている個体は、ミヤコという愛称の、メス

*ライオンについては、2020年1月31日に、当時国内最高齢だった「ナイル」が亡くなり、現在は展示していない。
ライオンは本来群れで暮らす動物であるが、ライオンを群れで飼うスペースを確保できないため、〈もうじゅうワールド〉では今後現行施設でライオンの飼育予定はない。

のおばあちゃんネコ。すでに飼育下での繁殖歴があり、高齢になったために繁殖の任を終えて、動物園でツシマヤマネコの現状を知ってもらうための展示個体として来園した。なお、京都市動物園には、非公開施設として、ヤマネコ繁殖棟があり、そこではミヤコとは別の若い個体を飼育しており、繁殖に取り組んでいる。すでに2017年に、九州以外で初の繁殖に成功しており、毎年1月から始まる繁殖期には、多くの関係者の期待が集まっている（ツシマヤマネコの遺伝的研究については第3章114ページ参照）。

そんな大事なツシマヤマネコだが、一見すると、家庭で飼われているイエネコと大きさや見かけは変わらない。また、展示個体のミヤコも人目から隠れるようにしていることが多いので、ほとんどのお客さんが、大型のライオン、トラ、ジャガーの方にまっすぐ向かってしまうのが残念なところ。

〈もうじゅうワールド〉の展示は、リニューアル・コンセプトの「近くて楽しい動物園」をわかりやすく表すものになっている。トラやジャガーとお客さんの間を隔てるものは、H型の鋼材を挟む二重の網だけ。その距離は15センチ。目の前をトラやジャガーが横切る、まさにトラやジャガーの息づかい、体温さえ感じられる距離だ。また、ネコ科の動物は木登りも得意。高い所にも簡単に飛び移れるので、お客さんの頭上に休む場所を設けて、下から見上げて動物の身体を観察することもできる。

在りし日の
ライオンのナイル

ツシマヤマネコのミヤコ。ふだんは台の下に隠れていることが多い。

アムールトラのオク
本来寒い地域に暮らす動物なので、暑いのは苦手。
夏はプールでクールダウン。

ヨーロッパオオヤマネコのロキ
2018年10月にパリ動物園からやってきた。

ジャガー
上：大阪市天王寺動物園生まれのアサヒ（オス）
下：神戸市王子動物園生まれのミワ（メス）
繁殖ができるように、日々お見合いをしている。

トラの空中通路
足裏のパッドやおなかの模様を見ることができる。

〈もうじゅうワールド〉は、リニューアル以降、とても人気の施設で、正面の入り口から入ってすぐということもあって、多くの方に、動物との「近さ」を実感してもらっている。その一方で、人間との近さが動物にとってのストレスになると考える方も増えてきた。動物園の敷地面積の制約もあり、動物舎の面積は広いとは言えない。見る人によっては「狭い」と感じさせてしまう。今や動物自身が選んでお客さんの目から逃れられる場所を設けることが、半ば常識化しており、どこからでも近くに動物を見られるこの施設の特徴が、マイナスの評価を受けることもある。

もちろん、動物たちのストレスを軽減し、その動物種本来の行動を引き出すための工夫である、環境エンリッチメント*には力を入れている。それでも絶対的な空間を広げることはできない。動物園としては葛藤を抱えているエリアでもある。

アフリカの草原

京都市動物園の正面エントランスから入ると、開けた空間が広がり、その奥の東山連峰にまでつながっているような景色に迎えられる。日本庭園の「借景」という造園技法が使われている。そんな景色を見ながら、右手（南）に進んでいくと、〈アフリカの草原〉の入り口が見えてくる。ここは、キリンとシマウマが混合飼育されているグラウンドを中心に、フラミンゴやカバ、ミーアキャットなど、アフリカで見られる動物が展示されている。とは言っても、今いる動物たちは、

＊環境エンリッチメントについては第２章54ページ以降で詳しく説明する。

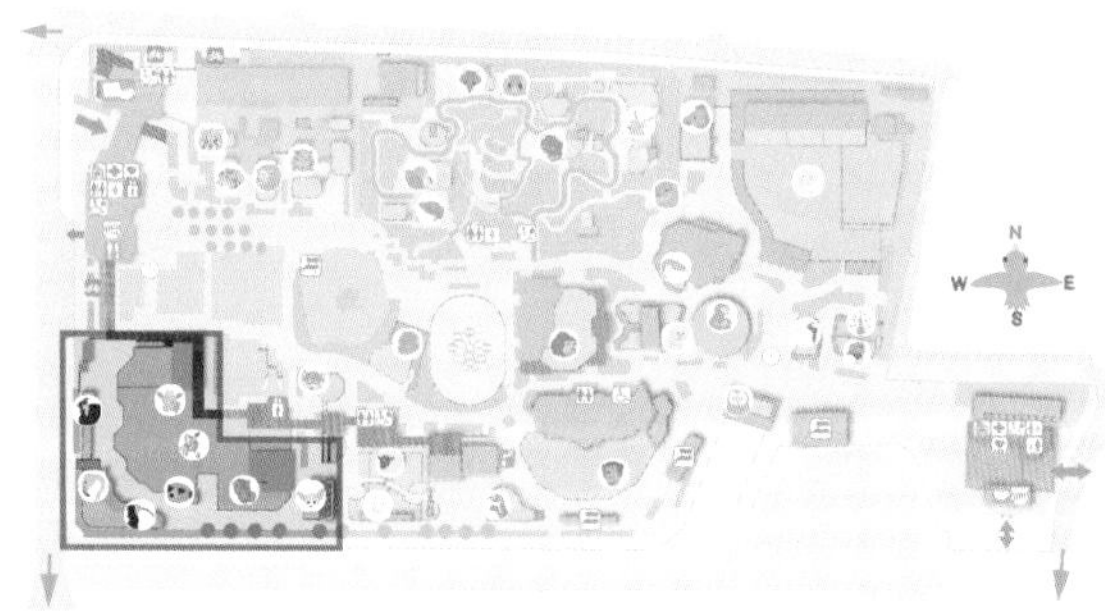

ほとんどが動物園で繁殖した個体やその子孫たちで、遠くアフリカから野生動物を運んできたのは昔の話。ただし、京都市動物園生まれの個体ばかりだと、近親交配を避けて次の世代の繁殖を進めることが難しくなる。繁殖した個体を動物園間で交換し合うことで、持続可能な動物種の維持を目指している（第3章参照）。

基本的には国内の動物園の間で、動物の交換は行われるが、国内では飼育個体数が少なくなって繁殖相手がいない場合には、海外まで繁殖相手を探すことになる。実際、京都市動物園で飼育している、グレビーシマウマのメス個体、ミンディーは、ヨーロッパの動物園水族館協会（ＥＡＺＡ）との共同繁殖計画にもとづき、オランダのベークセベルゲンサファアリから寄贈された個体だ。繁殖相手のオスのナナトは、富山県の富山市ファミリーパークから預かった個体。一緒に暮らすキリン3頭は、沖縄市、名古屋市、周南市（山口県）の動物園からそれぞれやってきた。沖縄こどもの国みらいゾーンからやってきたメスキリンの「未来（みらい）」は、以前にいたオスのキヨミズとの間に6頭の子どもを残したベテランキリン。生まれた子どもたちは、すでに日本各地の動物園に移動しており、すでに親になった個体もいる（キリンの暮らしについては第3章120ページコラム参照）。

〈アフリカの草原〉とは呼んでいるものの、草食動物を飼育している小さなグラウンドを草原にするのは難しく、動物がいる部分にはほとんど草が育たない。京都の夏は直射日光が照りつけるので、日よけになるようにと、数年前にグラウ

動物園から東山連峰を望む

グレビーシマウマはその縞模様が美しい。
ミンディーとナナトには繁殖の期待がふくらむ。

カバの体重測定

カバのツグミ

〈アフリカの草原〉では木道からキリンの目の高さで動物を観察できる。

フラミンゴ。４種類を飼育している。

ミーアキャット。立ち上がるのは警戒のために周囲を見わたすため。

ンド内にキリンよりも背の高い木を植え足した。残念ながら1本はキリンに木の皮までかじられて枯れてしまったが、残りはキリンに食べられないように樹木ガードの網をかさ上げして木を守っている。

キリンは今や絶滅危惧種。国際自然保護連合（ＩＵＣＮ）によると、１９８５年には15万5千頭いたのが、２０１５年の調査では9万7千頭まで減ってしまった。わずか30年で30％も生息数が減ってしまったというニュースは衝撃的だ。キリンはアフリカ大陸のサハラ砂漠より南の地域に広く分布している。南部の地域では増えているという報告がある一方、地域によってはほとんどいなくなってしまった地域もあるほどだとか。国内の動物園で飼育されているキリンも、近年、減少傾向にあるので、繁殖のための努力が今まで以上に続けられている。

同じグラウンドで一緒に暮らす、グレビーシマウマは、さらに深刻だ。シマウマには3種類いるが、もっとも大型のグレビーシマウマは、東アフリカのケニア北部やエチオピアに生息地が限られ、野生では約3千頭にまで減っている。日本国内で飼育されている個体も20頭ほどしかおらず、また血縁も濃いため、先述したようにヨーロッパの動物園水族館協会（ＥＡＺＡ）の協力を得て、やってきたのがミンディーだ（グレビーシマウマの保全と遺伝的研究については第3章112ページ、116ページ参照）。

このように、海外の動物園や動物園水族館協会と交渉して、繁殖目的で受け入

夏の日差しを避けて木陰でたたずむグレビーシマウマ

れた動物には、この他にもヤブイヌがいる。京都市動物園ではヤブイヌの繁殖に何度も成功しており、繁殖した個体が、国内の動物園に旅立っている。

おとぎの国

〈アフリカの草原〉ゾーンを琵琶湖疏水沿いに東に進むと、〈おとぎの国〉というゾーンに入る。ここは、家畜動物を中心に集めた「ふれあい」のできるゾーンであり、子どもに命あるものの温かさを伝えるためのｋｉｄｓ ｚｏｏとして整備された。ゾーンの名称は、改修以前にもあった「おとぎの国」を引き継いだもの。ただし、改修以前には、午前と午後の決められた時間しか入場のできないエリアだったが、リニューアル後は開園時間中はいつでも入れる場所になった。

動物園に来られるお客さんの求めることは、「動物に直接触ること」と「餌やり」が多い。しかし、動物園で飼育する動物の多くは「野生動物」であり、野生動物と人間との関係の取り方を教える場でもある動物園では、その2つとも好ましくない。むしろ、野生動物に対して、「そうしないでください」とお願いしている行為だ。「動物好き」と称する方の中には、野生動物であろうと近づきたくて、自分に寄ってきてほしくて、安易に食べ物を与えようとする人がいる。その結果として、野生動物が人間を恐れなくなり、動物が人間の住む領域に侵入して問題を起こすという事例は数多い。また、人間と野生動物が近づきすぎるために、人と動物の相互に感染してしまう病気が、野生動物から人間へ、またはその逆方

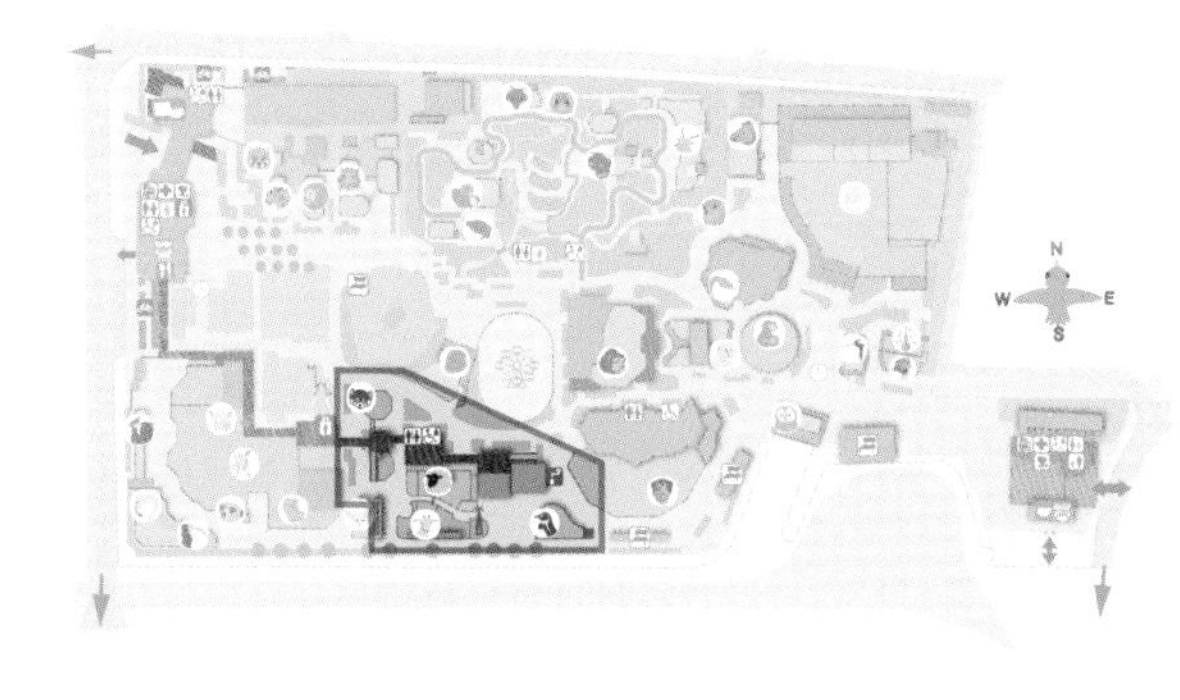

〈おとぎの国〉で群れて暮らすテンジクネズミ（左上）。
ヤギは本来岩場も移動するので高いところも平気。

〈おとぎの国〉の近くで暮らしているヤブイヌも、ヨーロッパ動物園水族館協会との共同繁殖計画にもとづいて、オス・メスのペアの寄贈を受けた。京都市動物園では何度もヤブイヌの繁殖に成功した実績がある。

愛らしい姿が人気のレッサーパンダ。最近の暑い夏は彼らには過酷で、冷房のきいた部屋で過ごす。逆に冬はとても元気。

オオバタン(左)とキバタン(右)

フンボルトペンギンも〈おとぎの国〉の住人。

向へ移ってしまって深刻な問題を引き起こす危険性もある。人間と野生動物とが仲良く暮らすことはファンタジーではあるが、動物園は、現実にはそうはいかないことを知っていただく場でもある。

かつては動物園でも、来園者が動物に勝手に食べ物を投げ与えるという行為がしばしば見られた。与えられるのは、人間が食べている甘いお菓子など。動物にとっても、糖分は魅力だから、そんな餌をもらおうと動物が「おねだり」する行動をとる。人間がそれを面白がってさらに投げ与えるといった悪循環が起こっていた時期がある。その結果、動物の身に何が起こったかというと、糖分や塩分の取りすぎによる口腔疾患（虫歯）、肥満や内臓疾患だ。そもそも、甘いものを食べて歯を磨かないと虫歯になるのは動物も同じ。虫歯になって歯を失くしてしまった結果、本来食べるべき食物が食べられなくなり、さらに内臓疾患も原因となって、本来の寿命もまっとうできずに亡くなっていった動物たちが過去にはたくさんいたことを知っていただきたい。

マナーが改善した今では考えられないことかもしれない。京都市動物園でそんな行為を目にすることはほとんどなくなった。動物園からの辛抱強い訴えかけが実った結果だろう。そのおかげもあり、今いる動物たちは健康に長生きできる個体が増えている。このことは、動物の「高齢化問題」という新たな課題を引き起

こすことになるのだが、それは別の機会にお話ししたい。

話が逸れてしまったが、〈おとぎの国〉は、動物園の他のゾーンではかなわない、動物とのふれあいが可能なゾーンだ。食べ物を与えることは、特別なプログラム以外では認められないが、動物のいるグラウンドに入って、動物にふれることが可能。グラウンドにいるのは、ヤギやヒツジだ。テンジクネズミ（モルモット）またはウサギにさわれる時間もある。他に〈おとぎの国〉には、ロバ、ミニブタ、アヒルといった人間が育種によって作り出した家畜動物を展示し、人間と家畜との関わり方、そして「動物に嫌われない関わり方」を伝える場所になっている（テンジクネズミのふれあいによるストレスの調査については第2章93ページコラム参照）。

〈おとぎの国〉には、他にレッサーパンダやフンボルトペンギンといった動物園の人気動物も展示している。キバタンとオオバタンというオウムの仲間から、イシガメやクサガメ、スッポンのいるカメ池もある。これらの家畜ではない野生動物は「ふれあい」はできないのであしからず。

サルワールド

琵琶湖疏水沿いに〈おとぎの国〉を通過すると、〈サルワールド〉に入り、チンパンジーのいる類人猿舎がある。ここは、私（田中）が京都市動物園の中で最初に関わった場所で、それ以来もっとも長く関わってきた場所でもある。

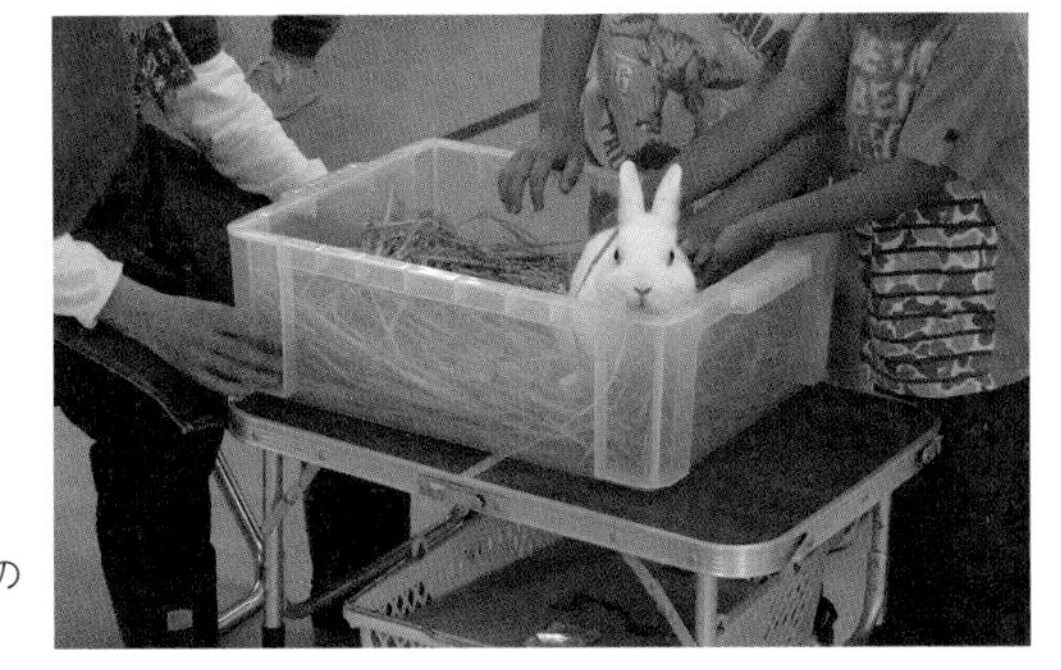

〈おとぎの国〉のふれあい体験。

〈「サル」ワールド〉と言っても、そこにはチンパンジー、ニシゴリラ、シロテテナガザルという3種類の類人猿が含まれる。他に、ニホンザルと近縁なアカゲザル、西アフリカに生息するマンドリル、南米大陸に暮らすフサオマキザル、そしてサルとは言っても日本語で「原猿」と呼ばれる、6千万年以上前に我々のご先祖様にあたる種と分かれたキツネザル類、その中でも縞模様の長いしっぽが特徴的なワオキツネザルが飼育展示されている。

私が京都市動物園に通うようになったのは、ここにいるサル類の研究をするため。京都大学野生動物研究センターの研究者としてだった。京都市と京都大学が「野生動物保全に関する研究と教育の連携協定」を結んだ２００８年の4月から始まった。その経緯については、前著（田中２０１３）に詳しく書いているので、興味をもってもらえたらご参照いただきたい。

マンドリルとテナガザルを相手に、タッチモニターに馴れてもらうところから始めて、数字の順番を覚える「お勉強」を始めたのが２００８年。続いて、設計から関わって、類人猿舎にチンパンジーの「勉強部屋」を作り、「チンパンジーのお勉強」を始めたのが２００９年。２０１４年にはゴリラのための新施設「ゴリラのおうち〜樹林のすみか〜」が完成し、この建物内にも、ゴリラがタッチモニターに向かって勉強できる部屋が設けられた。これは今でも、そしてきっとこの後も国内の動物園で唯一の施設である。おかげで、〈サルワールド〉の3か所

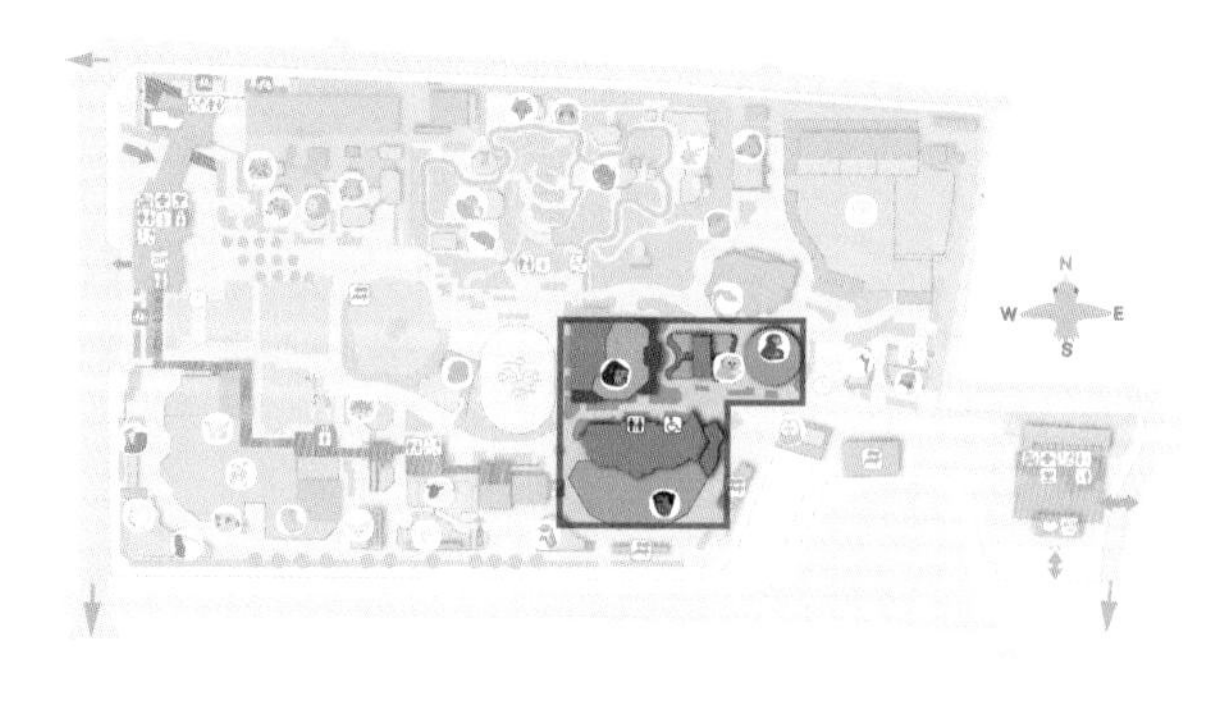

で比較研究を続けることができた。

タッチモニター上に提示されたアラビア数字を順番に触ることを学習する課題は、京都大学霊長類研究所で1980年代に開発されたものだ。当時「天才チンパンジー」と呼ばれた、アイという名前のチンパンジーが、タッチモニターに出された問題をすらすらと解く様子は、何度もNHKなどで特集として報じられた。かく言う私も、テレビで見たチンパンジーの賢さに驚き、それがチンパンジーの研究者になりたいと思ったきっかけだった。京都大学霊長類研究所で学べる京都大学の大学院の試験に運よく合格し、さらに幸運は重なって、チンパンジーの「アイ」とその先生である松沢哲郎教授のいる研究室の助手に採用してもらって、長く霊長類研究所で研究者としての時間を過ごすことができた。

さて、今でも京都大学では、世界最先端のチンパンジー研究が行われている。新聞やテレビのニュース番組の他、研究所のウェブサイトでも情報は得られるが、大学の研究所なので、特別な公開日以外に一般市民が立ち入ることはできない。「直接見る」機会はごく限られている。そんな、研究の成果として明らかになった「チンパンジーの知性」を、実際に見ることができる施設として企画され、作られたのが京都市動物園のチンパンジーの「勉強部屋」だ。動物園なので、入園料を払えば誰でも見に来ることができる（中学生以下は入園無料）。「百聞は一見に如かず」とは昔から言われてきたことだ

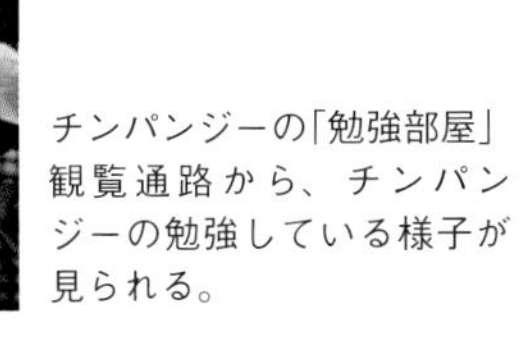

チンパンジーの「勉強部屋」
観覧通路から、チンパンジーの勉強している様子が見られる。

ゴリラのグラウンドでは樹上生活者であるニシゴリラの巧みな身体バランスと天井からぶら下がって移動する様子が見られる。

かわいらしい表情が人気のクロマティー。体の色は黒いけれど手足の毛が白いのがシロテテナガザルの特徴。

チンパンジーの兄弟、ニイニ（7歳）とロジャー（1歳）。お母さんはちがうがとっても仲良し。
ニイニが勉強しているとロジャーが興味を持って見に来る。

シロテテナガザルのシロマティーが数字の勉強をしているところ。
最近は36歳という歳のせいか、あまり熱心ではなくなってきた。

が、直接自分の目で見る経験は、心に多くのものを残す。ゾウの大きさ、キリンの背の高さ、トラやライオンの迫力など、見ただけで伝わるものもあるが、「知性」というのは、何もしていなくては伝わりにくい。彼らの知性を引き出す工夫をして、初めて目にすることができる。

2008年に京都市動物園で始めた、霊長類の知性を引き出す展示としての「お勉強」は、その後、いくつかの動物園で試されたが、あくまで「実験」として行われたものだったり、展示として始められたけれども続かなかったりして、現在でも継続して「知性の展示」が行われているのは、日本では京都市動物園だけだ。*

この「お勉強」は、展示のためだけに行われているわけではない。課題の報酬として、食べ物（リンゴやニンジンを小さく切ったもの）を使っているが、そのためにふだんの食事の量を制限することはない。お勉強に参加する動物たちにとっては、プラスアルファのおやつ程度の量でしかない。お勉強に参加するかどうかは、あくまで個体の自由に任せられている。お勉強用のモニターの前に来て、自分で画面に触れなければ問題は始まらない。あくまで参加者の「やる気」次第だ。お勉強を見たお客さんが、お勉強をしたら餌がもらえる（お勉強をしないと餌がもらえない）と話されるのを耳にするが、実際は違う。私自身、霊長類研究所でさんざん経験したが、食べ物は、彼らの参加意欲を維持する程度の効果しかなく、

*海外、とくにアメリカの動物園では、類人猿にタッチモニターを使ってその知性を引き出す展示が、いくつかの動物園で行われていて、むしろ当たり前の展示になっている感もある。

動物たちにやる気がなかったら、いくら食べ物を見せても、近づいてきてもくれない（むしろ、嫌がられて、遠ざかっていかれることすらあった）。だから、「お勉強」のスタイルで、動物たちにむりやり勉強させる、ということは不可能で、裏を返すと、自ら近づいてきてお勉強に参加してくれること自体が、気に入られている証でもあるのだ。

では、少しの食べ物がもらえるからといって、何故、動物たちがお勉強に参加してくれるか？　それは、知性を使って食べ物を手に入れるということが、彼らにとって「自然な」行動だからではないだろうか。使っているものはコンピュータで制御されたタッチモニターや自動給餌装置なので、見た目は自然とはかけ離れているが、チンパンジーでは数多く報告されている道具使用と同様に、彼らの能力を使って、より美味しいものを手に入れるという図式は、野生で起こっていることと同じで、むしろ、そのような高い知性をもつ動物が、単調な空間の中で、知性を使う機会のない生活を強いられるとしたら、その方がむしろストレスなのでは？　私たち自身に立場を置き換えてみたら、そのようにも考えられる。だから、〈サルワールド〉の「お勉強」は、住人である動物たちにとって、ともすれば単調になりがちな生活の中で、彼らが本来もっている知性を発揮する機会を提供する、一種の「環境エンリッチメント」

2018年12月に生まれたニシゴリラの赤ちゃんキンタロウを抱くお母さんのゲンキ。1歳をすぎて一人で動いている様子もよく見られる。

として機能していて、ずっと継続しているのだ。

「お勉強」の話ばかりになってしまったが、〈サルワールド〉では、最近10年の間に、比較的順調に赤ちゃんが生まれていることも、動物園として取り上げるべき重要なトピックスだ。チンパンジーで2人、ニシゴリラで2人の赤ちゃんが生まれて、順調に育っている。もちろん、その他のマンドリル、フサオマキザル、ワオキツネザルでも赤ちゃんが誕生している。

類人猿の赤ちゃんが特徴的なのは、子どもでいる期間がとても長いことだ。ふつうでも4、5年、長いと6年でも7年でも母親のそばにいて、母親のおっぱいを吸っていることもある。なかなか大人にならず、ゆっくり成長していく様子が観察できる。動物園によく来てくれる人が、チンパンジーやゴリラの子どもの成長の様子を、自分の子どもや孫のことを話すように教えてくれるたび、彼らと人間の近縁さを思わされる。

琵琶湖疏水沿いに類人猿舎のグラウンド側を回り込むと、もう動物園の東側の出入り口（東エントランスと呼んでいるので、以降はこう呼ぶ）の近くまで来る。

琵琶湖疏水はここからインクラインと呼ばれる、坂道にレール軌道が敷かれたルートを上っていくことになる。

キンタロウを抱くお母さんのゲンキとお兄ちゃんのゲンタロウ。

明治時代には、三十石船と呼ばれる荷物を満載した船がトロッコのような貨車に載せられて、ケーブルカーのようにモーターでひっぱりあげられて坂を上り、山の上につながった水路で琵琶湖まで遡っていったそうだ。その重要な地点には、琵琶湖疏水開通百周年を記念して建てられた「琵琶湖疏水記念館」がある。動物園の東エントランスを出ると、もう南禅寺や永観堂はすぐ近くだ。そのまま動物園を出て散策を楽しむこともできるのも、京都市動物園ならではの楽しみ方かもしれない。

動物園を巡るには、ここから来た道を引き返すことになる。東エントランスのすぐそばには、非公開施設である「ツシマヤマネコ繁殖棟」がある。ツシマヤマネコのミヤコとは別の個体がいて、毎年冬から春にかけての繁殖期になると、担当者は毎日監視カメラ越しの映像を見つめ続ける日々を送っている。

さらに引き返して、エミュー、クジャク、ツルの前を過ぎ、シロフクロウ、ワシミミズク、アナホリフクロウ、メンフクロウの前で、琵琶湖疏水沿いに戻らずに北を見ると、〈ゾウの森〉のゾウたちの姿がもう見えている。〈ゾウの森〉については、第4章で、ゾウの導入のことから詳しくお話しするので、ここでは〈ゾウの森〉のその他の住人であるブジルバクとケープハイラックスに挨拶して、離れることにしよう。ちなみに、ケープハイラックスのメス「チィ」は、特任園長選挙で選ばれた、２０１９年度の京都市動物園の代表動物だ。

ケープハイラックスのチィ
2019 年度京都市動物園特任園長だった。

ひかり・みず・みどりの熱帯動物館

さて、〈ゾウの森〉のある角に建っているのが〈ひかり・みず・みどりの熱帯動物館〉（以降、熱帯動物館とする）。リニューアル前には爬虫館と呼んでいた建物で飼育していた、ヘビやワニ、カメ、イグアナなどの爬虫類や、小型の両生類に加えて、スローロリスやショウガラゴといった夜行性の霊長類、そしてインドオオコウモリを飼育展示している。一番出口に近い、インドオオコウモリの部屋を抜けると、屋外にコンゴウインコなど熱帯の鳥類も展示している。

小さな京都市動物園の中にある熱帯動物館は、やはり小さい建物で、すぐにぎゅうぎゅうに混みあってしまうので、できるだけ空いているときにお入りください。屋内は動物の展示室としてだけでなく、大型モニターを使って熱帯の野生の世界をお知らせしている。そこで起こっている野生生物の危機的な状況を知っていただくきっかけにしたい。

熱帯動物館のもうひとつの顔は、多くの研究が進められている最前線ということ。小さい建物ながら数多くの動物が飼育されているので、ヘビの研究をしたい人、監視カメラで夜行性動物の夜間の行動を記録しようとする人、小さい飼育スペースを少しでも有効に活用して、飼育している動物の生活が豊かになるような工夫をしようとする人等、さまざまな方面からの研究が行われてきたし、今も継続しているものもある。

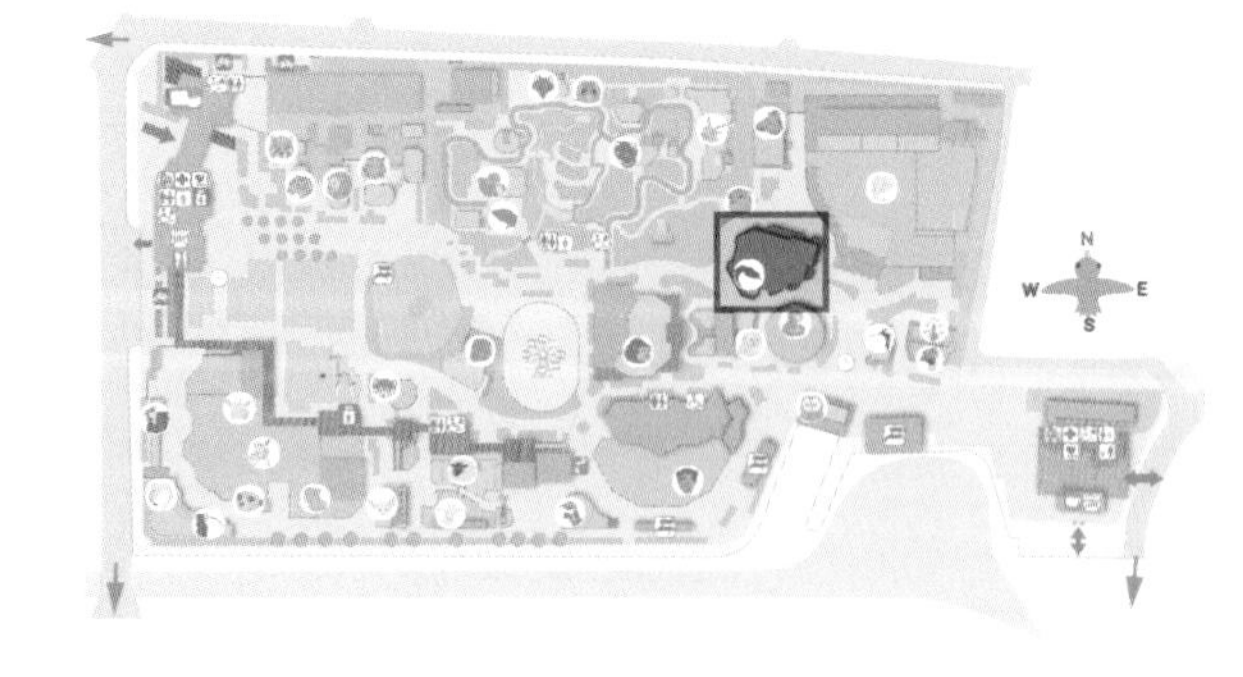

〈ひかり・みず・みどりの熱帯動物館〉内で飼育する動物たち。
レッサースローロリス（左上）、ショウガラゴ（右上）、
ボールニシキヘビ（左中）、
ヌマガメ（左下）、インドオオコウモリ（右下）。

たとえば、京都大学理学部の学生は、ヘビがどれくらい水を飲むのか調べたいということで、飼育室内に夜間撮影ができる監視カメラを設置して記録を続けた。以前に飼育していたフタユビナマケモノでは、工学技術系の研究者から、夜しか動かないナマケモノがどこをどんなふうに動いているのかを記録したいという研究計画の申請があり、夜に3次元センサーを設置して記録したこともあった。

動物園で行っている研究については、後の章でも詳しく紹介するが、誰でもどんなことでも受け入れているわけではない。まず第一に動物の飼育と展示の支障にならないことが前提で、その研究によって動物の生活が害されたり、動物に過度なストレスを与えるようなものは認められない。事前に研究計画は審査され、動物園で認めたものだけが実施される。

屋外のコンゴウインコの飼育室は、リニューアル当初から、すでにかなり様子が変わった。建物の構造自体は変えられないが、インコたちができることを少しでも増やせるように、環境を複雑にする環境エンリッチメントの工夫がいくつも加えられている（環境エンリッチメントについては第2章参照）。しかしただやってみるだけでは、それがよかったのか、むしろ悪かったのか、評価できない。このように環境エンリッチメントの前後では、動物の行動を観察して、実際に動物にどのような効果が、どれほどあったのかを調べる必要がある。ここでの調査は比較的最近になって始めたものなので、この本を書いているときと、出版されたと

環境エンリッチメントによって止まり木が増やされ、内部が複雑化された（第2章88ページ参照）

きではすでに状態が変わっているかもしれない。環境エンリッチメントというのは、あくまでそこで暮らす動物たちの幸せを実現するための手段のひとつなので、これだけやったら終わりということはないし、その動物の状態に合わせて変えていく必要のあるものだ。

熱帯動物館に入って右手には、リクガメが展示されている。ホウシャガメやアカアシガメなどだ。その展示室をよく見ると、いくつかの区画に分割されていて、小さく分けられた区画には、小さなリクガメがいる。これは、熱帯動物館に移ってきてから繁殖した個体で、カメは爬虫類なので卵を産み、その卵からふ化して産まれるのだが、その仕組みも、少し前まではよくわかっていなかったため、以前の施設では繁殖は進んでいなかった。熱帯動物館に移ってから、繁殖が進む条件を調べた。飼育担当者が繁殖期と非繁殖期の温度や湿度などの環境を操作して、繁殖が進む条件を調べた。とくに本来日本にはいない動物の場合、日本の環境にそのまま置いておいても繁殖が進まないこともよくある。動物園の飼育員は、今や希少な動物の繁殖に関する専門家としての役割が期待される職業だ。

最後にもうひとつ紹介したいのは、スローロリスとショウガラゴの飼育室。ここは、生き物・学び・研究センターの主席研究員である山梨裕美が中心になって、外部の研究者と共同で、さまざまな方面からの環境エンリッチメントに取り組んでいる。ここでの研究については、第2章でもご紹介する。

アカアシガメ

京都の森

京都市動物園のリニューアルでは、いくつもの目玉施設がある。それぞれのゾーンごとに工夫が凝らされているが、この〈京都の森〉は、動物の飼育展示施設としてだけでなく、動物園の重要な役割のひとつである環境教育の実践地として、とても重要なゾーンだ。

〈京都の森〉に入ってすぐに目につくのは、棚田（たなだ）だろう。小さいけれども、3枚の田んぼがあり、春から秋にかけては、稲が育っている風景が見られる。〈京都の森〉のデザインコンセプトは、都市の中心部である動物園から、都市の周りにある里山地域を通って、さらに奥山へ続くように施設が配置されていること。田んぼもそのひとつ。〈京都の森〉に入ってすぐの場所に建つ民家風の展示室には、シマヘビやアオダイショウなど、動物園の外、身近にもいるはずだが、都市の生活ではめったに目にしなくなってしまった生き物を展示している。同じ建物に、国の特別天然記念物であるオオサンショウウオの大きな個体と、そして今、まさに絶滅の危機に瀕しているイチモンジタナゴという小さな魚も展示している。動物園なのに魚も飼育し、このイチモンジタナゴの繁殖に取り組んでいる。

京都市動物園で飼育しているイチモンジタナゴは、もともとは琵琶湖から淀川水系にかけて広く分布していた魚だ。明治時代に琵琶湖と京都市内とをつなぐ琵琶湖疏水ができ、疏水の水を利用する京都市動物園ともつながった。琵琶湖疏水

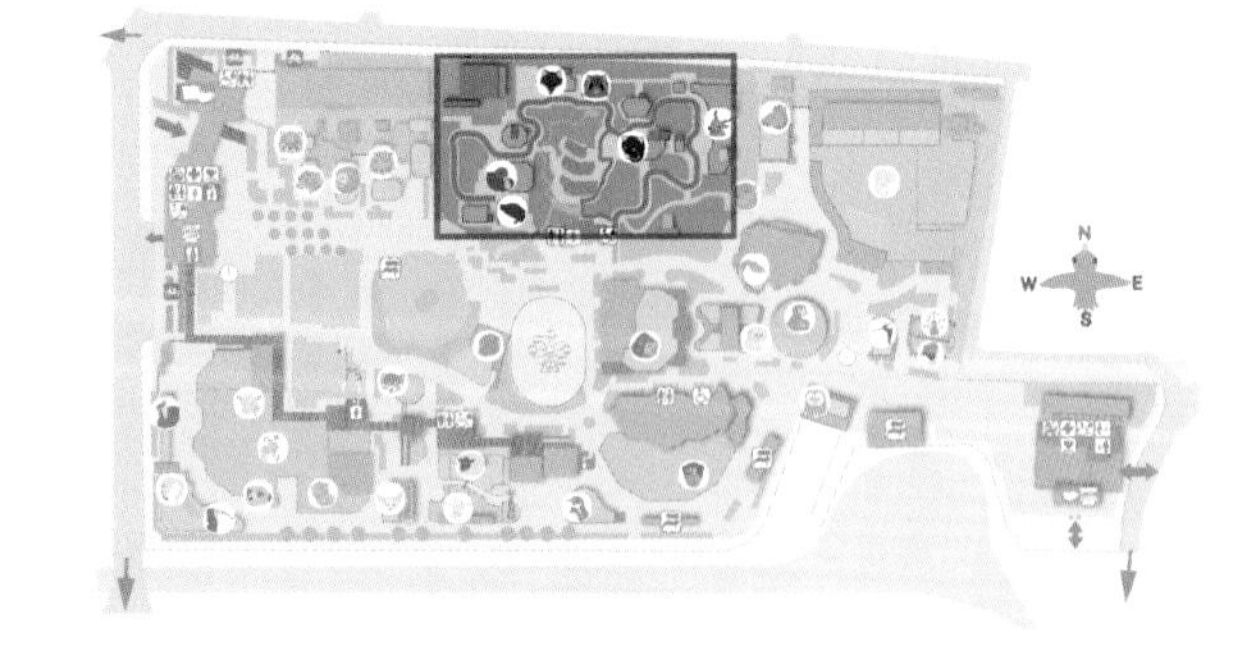

から分岐した導水管は動物園からさらに平安神宮へとつながり、平安神宮の庭園「神苑」の池へとつながった。その後、昭和の高度経済成長期に家庭や工場からの排水による水質汚染により琵琶湖のイチモンジタナゴの生息域は一気に狭まってしまった。さらに追い打ちをかけたのが、オオクチバス（ブラックバス）やブルーギルといった肉食の外来魚の侵入だ。このため、現在は平安神宮神苑の他には、淀川水系の一部、ごく限られた場所でしか確認できない絶滅寸前種になってしまった（京都府レッドデータブック２０１５年版による。環境省カテゴリーでは、絶滅危惧ＩＡ類）。なお、外来魚の侵入を防いでイチモンジタナゴの生息地となってきた平安神宮神苑の池も、水底の環境悪化により個体数が減り、現在は水底に溜まった泥を浚渫（しゅんせつ）して再びイチモンジタナゴの生息に適した環境を再現させようとしている（本章コラムページ参照）。

〈京都の森〉には、その他にも京都市内に生息が確認されている野生動物を中心に、国内産野生動物を展示している。そのなかには、市内で保護され、動物園に併設されている「野生鳥獣救護センター」で治療された個体もいる。野生鳥獣救護センターは、京都府から委託され、野生で保護された個体を治療し、再び野生に戻すことが本来の仕事だが、鳥ならば治療しても再び飛ぶことができない状態になった鳥や、野生に戻しても生きていくことが難しい個体については、動物園で飼育している。そのような保護個体が、〈京都の森〉にはいる。たとえば小

イチモンジタナゴ

〈京都の森〉には棚田があり、毎年春に田植えをする。

〈京都の森〉ではホタルの繁殖にも取り組んでいる。そのため、このエリアでは虫除けの薬剤散布をしていない。市内各地でホタルの繁殖に取り組む京都ほたるネットワークの皆さんにも協力をしていただいて、わずかだがホタルが舞う姿が見られるようになった。

〈京都の森〉では飼育動物以外にもさまざまな野生の動物を見ることができる。
写真はイカル。

キツネの「キョウ」は、市内で保護され、野生鳥獣救護センターで治療を受けたのち、〈京都の森〉で暮らしている。

ニホンアナグマは、今では「有害鳥獣」として指定されているため、野生個体を保護することはできない。

獣舎で飼育しているキツネで、展示施設に「野生に帰れなくなった動物たち」と記されたパネルが掲示されている。

一方で、昨今は野生動物によって農作物が荒らされたり、都市近郊にすむ動物によって生活ゴミが荒らされたりといった人間への被害が増加している。農作物や森林の食害が大問題になっているニホンジカやイノシシ、都市に現れるカラスやドバト、タヌキなど。このような動物は「京都府野生鳥獣救護事業ガイドライン」により規定され、たとえ弱っている状態を発見しても、野生鳥獣救護センターで預かったり治療したりすることができなくなっている。

人間の都合で、このような命の取捨選択が行われている現実がある。直接の被害にあっていない人から見ると、残酷なように思えることも、動物による被害の当事者にとっては深刻な事態であり、一方的に善悪の判断はできない。〈京都の森〉をガイドする度に、今現在、このような現実があるということをお知らせして、それぞれの方に考えていただくようにしている。

さて、〈京都の森〉を進んでいくと、棚田の前に着く。棚田の横には、琵琶湖疏水からつながる水路があり、その水で稲を育てている。田んぼは、動物園の近所にある錦林小学校の生徒さんが毎年田植えに来てくれる他、動物園のイベントとして来園者の方にも田植えをしてもらっている。田植えイベントはそれで終わりではなく、「米作り」の過程を経験していただく「どうぶつえん米を作ろう!」

という教育プログラムとして、実施している（第4章159ページコラム参照）。

この他、〈京都の森〉の水路では、ゲンジボタルを自生させようとして環境整備に取り組んでいる。まずホタルの幼虫の餌になるカワニナという巻き貝の繁殖から始まり、除虫剤などの薬剤散布を控えるようにして、ホタルが繁殖しやすい環境を整えた。もちろん、田んぼのお米も無農薬栽培だ。この取り組みも、動物園職員だけでできることではない。京都市内各地で活動する「京都ほたるネットワーク」の皆さんの協力を仰いでやってきた。リニューアルオープンしてから3年、ようやく6月の夜にホタルが舞う姿を見られるようになった。しかし、まだシーズンを通してのべ数百匹程度。ホタル繁殖地として環境整備の努力は続く。

〈京都の森〉では、植物の繁殖にも取り組んでいる。動物園なのに、植物の世話もしている。京都市の三大祭りのひとつ、葵祭で使用するフタバアオイと、祇園祭の際に作られる厄除け粽に使われるチマキザサ（植物名としてはチュウゴクザサ）。こちらは、ホタルよりも後から始めたこともあり、まだ繁殖と言えるほど増やすことができていないが、いずれ京都市の文化と自然とのつながりを知ってもらうための展示として整備していきたい。

このように、〈京都の森〉は、他のゾーンとは異なり、動物を飼って展示するだけでなく、今、人間の住む社会で起こっている「自然」の世界の現実を知ってもらい、自分たちで考えてもらう場所として整備し、いろいろな立場の人たちの協力を得て運営している。

そして「いのちかがやく動物園」へ

これで、〈もうじゅうワールド〉から始めてぐるりと京都市動物園を一周してきたことになる。すべての動物についてお話ししたわけではないので、まだまだ見てもらえる動物たちはいる。京都市動物園では2020年現在、約120種の動物を飼育している。たくさんの種類の動物を飼育していると思われるかもしれないが、かつて昭和の一番多かった頃と比べると半分程度まで減らしている。これは、動物が減ってしまったわけではなく、「共汗でつくる新「京都市動物園構想」」に基づいて、各ゾーンに配置する動物について、それぞれの動物種の福祉に配慮して施設が配置された結果だ。

2009年に構想が策定されてから10年が経った。この間に動物園に対する社会の見方は厳しさを増した。動物福祉に関しては、福祉の水準の低い施設に対しては積極的な抗議や批判が起こるようになった。動物園の存続について、より積極的な意義づけが必要になってきている。このような社会の変化に対してどう応えていくか、京都市動物園では2018年から外部の専門家を交えた検討会議を重ねた。そこで特に議論されたのは動物福祉についてだった。次章でより詳しく説明していくことにしよう。

（田中正之）

小さく地味な主役、イチモンジタナゴ

動物園で働き始めて20年以上になるが、まさか魚の担当になるとは思わなかった。しかも、前任者も経験者もいない「イチモンジタナゴ」という淡水魚。今でこそこの魚のことを多くの人に知ってもらおうとアピールする立場になっているが、私自身イチモンジタナゴという名前すら知らなかった。まだまだイチモンジタナゴについては初心者だが、とても興味深い魚なので紹介させてほしい。

動物園で魚の飼育？と思われるかもしれないが、京都市動物園とイチモンジタナゴはとても深い関係にある。率先して守るべき動物であり、京都市動物園は自ら普及啓発に力をいれるべき施設だ。そういったこともあり、繁殖だけではなく、京都市動物園のある岡崎地域のみなさん、そして京都市民のみなさんに、この小さな魚のことを知ってもらうための活動「守れ！イチモンジタナゴ プロジェクト」を２０１６年に立ち上げた。

このプロジェクト、名前からもわかるようにイチモンジタナゴを守り、増やしていこうというのが第一の目的だが、これがまた奥が深い……。なぜなら、イチモンジタナゴを守るためには、それ以外の様々な生き物や環境を守らなければいけないからだ。

イチモンジタナゴをはじめとするタナゴ類は、自然界ではオスとメスだけいれば繁殖できるわけではない。産卵場所は、なんと生きた二枚貝の中。だから、元気な二枚貝（それも条件の揃った…）が必要なのだ。しかもそれだけでは終わらず、二枚貝が増えるためには、その貝の繁殖に貢献してくれるヨシノボリなど他の魚がいなければならないので、イチモンジタナゴを守るためには、環境全体を守っていかないといけないのだ。

そんな小さな魚が生きていくための、大きな大きな世界を守っていくという壮大なプロジェクトだが、実は一番大事なのは身近な環境保全なのだと思っている。ひとりひとりが、毎日の生活の中で自分にできることを続けていくことが大切で、そんな気持ちになるきっかけを作り、そんな人を増やしていくのが動物園の役目だと思っている。

動物園にはいろいろな動物がいる。人気動物の多くは、野生では海外にいる動物だ。一方で、タヌキやキツネ、カルガモやヒヨドリ、アオダイショウやヒキガエル……、私たちの住む日本に棲む生き物たちは、身近だからかあまりスポットライトを浴びることがない。しかし、私たちが直接守ることができるのは、日本の生き物たちだ。いや、守っていかないといけないのだと思っている。動物園の展示だけでは伝えられないことを、このプロジェクトで伝えていきたいと思う。

環境保全に終わりはない。だから、このプロジェクトも終わりはない。イチモンジタナゴを増やすのに一番良い方法は、自然環境を整えることだ。条件さえ整ったら、水槽で繁殖させて増やすよりも、もっと簡単にどんどん増えていくはずだ。イチモンジタナゴという名前すら知らなかった私が偉そうに語るのも恥ずかしいが、私たちが発信する何かひとつでも、イチモンジタナゴの棲む環境にいい影響を与え、今は減ってしまった生き物たちが、将来、また増えていくことを望んでいる。

終わりのないプロジェクトだが、スタートさせたことで、まずは一歩前進した。継続は力なり！

（高木直子）

プロジェクトのプログラムのひとつとして行った、生物調査の様子。
琵琶湖疏水につながる白川に生息する生き物を調べた。

第2章

生まれてから死ぬまで動物の暮らしをサポートする

――動物福祉の取り組み――

1　動物福祉とはなにか

関わる動物たちに与える負担をできる限り減らし、動物たちが生き生きとした暮らしができるように生活の質の向上を考えようとするのが動物福祉の考え方である。近年ではこうした動物福祉（アニマルウェルフェア）の考え方が世界的に広がり、国際的な動物に関わるやりとりの上でも大きくかかわるものとなっている。

動物福祉の定義にはいくつかあるものの、人間が動物を利用することを認めたうえで、「その生理的、環境的、栄養的、行動的、社会的な欲求が充足されることによりもたらされる幸福の状態」というのが研究上の定義だ。* ヒト以外の動物もわたしたちと同様に、苦痛や喜びなど様々な感情を持つ。今までと違う場所に突然連れていかれれば恐怖や不安を感じるし、ただ清潔な場所で、食べ物が与えられるのみの生活では満足できない。

わたしたちヒトは、進化の過程を経て今ある姿になっている。生物進化の歴史の中で様々なつながりを持つ動物たちとの間には、種による違いもあるけれども共通性もある。こうした感情や認知能力など見えない部分についても同様だ。そのため動物たちを一方的にヒトが搾取するのではなく、動物たちの幸せにも配慮しながら、関わっていくという姿勢が現代社会の中では大切にされるようになっ

＊Appleby MC, Hughes BO（編著）、加隈良枝他（訳）、佐藤衆介、森裕司（監修）．(2009)．動物への配慮の科学―アニマルウェルフェアをめざして．チクサン出版社、緑書房（発売）．

てきた。そのためには、生涯にわたって生き生きとした暮らしが送れるようにするのはもちろん、死の瞬間までその配慮は続く。たとえば、動物たちが本来の行動を発現できるような環境を整えることから、食肉加工のために畜産動物をと殺するときにも、なるべく苦痛を与えない方法を模索することまでその対象となる。なお、日本では動物愛護という生命尊重を基調とした独特の考え方がある。*

他にも動物への倫理的な配慮に関しては、「動物の権利」(Animal Rights)などいくつかの考え方があるが、動物に関わる様々な場面で、動物福祉の考え方が用いられることが多くなっている。このあたりの考え方の違いやこうした考え方が発生した歴史的な背景などについては、他にも良書があるので、詳細はそちらを参照していただきたい。**

さて、動物たちが幸せであってほしいというのは、動物と関わる人たちの共通の思いではないかと思う。ただし、動物たちは人と同じ言葉を喋らないので、ややもすると人の感情が先行し、動物のためにも人のためにもならない状況にも陥ってしまうこともある。また動物の性質は種ごとに異なるので、必要とされることも種ごとに異なってくる。

動物福祉の議論は、あくまで動物の視点が主体であるため、動物の行動や生理指標など生物学をベースにして、動物の状態を推定して具体的なデータを元に議論をしていくアプローチが大切になる。動物福祉の科学(Animal Welfare Science)は、

*福祉の考え方とは異なるのでここでは深くはふれない。

**たとえば、
・伊勢田哲治.(2008).動物からの倫理学入門.名古屋大学出版会.
・上野吉一、武田庄平(編).(2015).動物福祉の現在―動物とのより良い関係を築くために.農林統計出版.
・佐藤衆介.(2005).アニマルウェルフェア―動物の幸せについての科学と倫理.東京大学出版会.

日本ではあまりなじみがないかもしれないが、主に欧米の大学などには動物福祉について研究を行うラボやセンターなどが多数ある。科学の視点をもとにヒトと動物の関係を捉え、そのより良い形を探ろうとするこの分野は比較的新しいものだ。学問を形作ろうとする段階とも言え、動物園はそのひとつの大きな舞台である。

動物園の存在意義が問われる時代において、日本の動物園業界でも動物福祉は大きな課題だ。動物福祉は動物園の存在の前提として、なくてはならないものとして認識されるようになっている。この章では動物福祉について世界の潮流を含めながら、あくまで実践的な視点で考えたい。主に京都市動物園で取り組んできたここ2、3年の実践例と研究を中心にご紹介する。

（山梨裕美）

野生で暮らす動物と動物園で暮らす動物

動物園の動物の多くは、世界各地の自然の中で暮らす野生動物と遺伝的に変わらない動物たちだ。この点が、人工的な環境にある程度適応するように、遺伝的な選抜を経て今の姿になっている畜産動物や伴侶動物と異なるところだ。そのため、動物園での環境作りの際には、動物たちが野生でどのような暮らしをしているのかということが重要な参照点となる。動物たちがどのような行動欲求を持っているのかということのヒントとなるからだ。だからと言って、動物園にいる動物がすべて不幸で、野生で暮らす動物たちが幸福かというとそれほど単純な話ではない。この件に統一的な見解を得るのは無理だと思うけれども、野生で暮らしている動物が、必ずしも動物福祉の最良の状態を経験しているわけではないと考えられることも多い[*]。なぜなら野生では厳しい温度環境や捕食者の存在など、動物の生存や健康にネガティブな影響を与える要素もあり、飼育下ではこれらを回避することが可能だ。一方、飼育下では違った難点がある。自由に移動できるスペースや行動の選択肢に限りがあり、退屈になりがちだ。他にも、群れで暮らす動物にとっては嫌いなやつから距離を置けないといったこともあるだろう。

比較軸も異なるのと、動物もそれぞれなので、このあたりは本書を読んでいただいている方それぞれのお考えによるかと思う。この章に関してもわたし個人の考え方というものが色濃く反映されているとは思うが、なるべく事実に即すように書いているつもりだ。正解はないことなので、その通りだと思う方も、物足りないと感じる方も、いらっしゃるだろう。動物に対する知識も好みも態度も異なる人たちが集まる世界の中で、動物の扱いについてひとつの方針を作るのはなかなか難しいことだ（動物のことをまっすぐ捉えて話し合ってどうしてこんなに難しいのだろう！）。その中で動物福祉という考え方が現在大きく取り扱われるようになっているのは、動物との暮らしを切り捨てることができない（少なくとも難しい）世界で暮らすわたしたち人間たちの中で、多数の共感を得やすい「落としどころ」となっていると言えるのかもしれない。

わたしたちヒトと同様に個性があり、種によってまったく違う暮らしに適応している動物たちのニーズを満たすことは簡単ではない。それでも動物たちが野生で暮らしていく中で経験している色々なことを飼育下の動物たちも経験して、その動物種としての生き方ができるようにしていくように努力することが、野生動物を飼育する動物園の最低限の責任だという考えを、現代の多くの動物園が共有している（とは言ってもなかなか現実がついてこないことも多いのだけれども）。（山梨裕美）

＊ Veasey JS. (2017). In pursuit of peak animal welfare; the need to prioritize the meaningful over the measurable. Zoo Biology 36:413-425 doi:10.1002/zoo.21390

2　第14回国際環境エンリッチメント会議
―世界の動物福祉事情―

環境エンリッチメントとは

２０１９年６月22日-26日に、第14回国際環境エンリッチメント会議（ICEE KYOTO 2019）が京都大学時計台と京都市動物園を会場として開催された。京都市動物園も主催組織のひとつだ。環境エンリッチメントとは、動物たちが心身ともに健康で暮らせるように、動物の生物学的な知見やライフヒストリーをもとに必要な要素を特定し、飼育環境や飼育管理手法に工夫を加えることだ。動物福祉向上のための具体的な方策のひとつという位置づけでその重要性が認識されている。

動物たちのもつ特性は、進化の過程でそれぞれの環境に適応するために培われてきたものだ。そうした動物種本来の性質が発揮できない環境や何もすることがない環境では、動物たちはストレスをためてしまうことになり、行動や生理状態に様々な悪影響を及ぼす。また、動物たちは育っていく中で環境の様々な側面から影響を受けて、「個」ができあがっていく。単純に限られた環境の中では運動不足などによる健康への影響も出てくる可能性もあるし、動物らしい行動や性質が失われてしまうこともありうる。簡単に言うと動物種本来の性質が十分に発揮できるような環境で、「行動的にも健康」に暮らせるようにすることが大切で、そのためには環境エンリッチメントはなくてはならない考え方であり具体的手段だ。

動物たちがその本来の性質を発揮し、かつ動物たちがとりうる選択肢を増やすことができるように、環境エンリッチメントは１９８０年代より欧米を中心に行われるようになり、１９９０年代後半から日本の研究施設や動物園にも広まっていった。２０００年代になると市民ZOOネットワークという市民と動物園をつなぎ、環境エンリッチメントの普及を目的としたNPOも誕生した。現在では、動物福祉を考えるうえで必須のことと認識されている。また動物園は来園者の方々に動物たちのことを知ってもらう場所でもあるので、動物たちがそれぞれ本来の姿を見せることは望ましいことだと言えるだろう。

環境エンリッチメントは多岐に渡るが、近年では物理的エンリッチメント・社会的エンリッチメント・採食エンリッチメント・感覚エンリッチメント・認知エンリッチメントの５つに分類されることが多い（下表参照）。

環境エンリッチメントの効果は多く知られている。行動レベルで言うと、種本来の行動発現が増加し、異常行動やその他ストレスに関連した行動の減少などが多くの種で報告されている。他にも、ストレスに関連して増減するホルモン濃度の減少なども報告されることもある。また、長期的な視点からすると、多様な刺激がある環境で育った個体は、環境適応能力が向上するといった効果も知られて

環境エンリッチメントのカテゴリ	例
物理的エンリッチメント	樹上で暮らす動物の暮らす空間に三次元構造物を設置する，隠れることができる場所を作る
社会的エンリッチメント	群で暮らす性質の動物は仲間と暮らす，時に仲間から離れたい時には離れられるようにする
採食エンリッチメント	野生本来の生態に合致した食事メニュー，探索したり操作するといった採食行動を促す工夫
感覚エンリッチメント	他の動物の匂いをつけるなど嗅覚を刺激する物を呈示する
認知エンリッチメント	道具使用を促すフィーダーなど種本来の認知能力を発揮できるような装置

※カテゴリは排他的ではないので，複数のカテゴリに分類できるエンリッチメントもある

いる。実験動物のマウスやラットなどを対象とした研究からは、環境エンリッチメントが脳内の遺伝子発現や認知能力に影響を与えることが報告されているし、母子分離というネガティブな事象の影響が、環境エンリッチメントを行うことで緩和することができるといった報告もある。環境エンリッチメントの重要性については認識されているものの、具体的にどのような方法がとりうるのかは創造力次第だし、環境エンリッチメントが種や環境による違いなどを超えて、どのような効果があるのかということについても、まだまだこれから明らかにしていく必要がある。

国際環境エンリッチメント会議は、このような動物福祉や環境エンリッチメントに関心をもつ研究者や飼育担当者らが集まるユニークな会議だ。*とは言っても広い意味で環境エンリッチメントに関わる発表がなされるので、発表される内容はそれに限ったものではない。1993年に第1回目がアメリカ・オレゴン動物園で行われてから、2年に1回開催されている。

アメリカのフロリダ州オーランドで開催された第3回目から日本人が参加し始めた。参加者の1人だった上野吉一さん（当時・北海道大学、現・東山動植物園）の報告には「飼育環境のエンリッチメントという問題は世界的に見てもまだまだ手探りの状況にあることを再認識した。それ以上に、日本には、こうした問題をさまざまな立場から議論し合う視点が整えられていないことを強く感じた」と記

第14回国際環境エンリッチメント会議のポスター。日本の動物を配置し、京都の風景を盛り込んだデザインにしていただいた。

＊環境エンリッチメントの推進・情報共有を進めるアメリカのNPOであるThe Shape of Enrichment, inc.が事務局を務めている。The Shape of Enrichment, inc. は1991年に立ち上がったNPOで、この業界のパイオニア的存在だ。

載されている。

それから20年以上が経過し、第14回目になる今回、ついに日本初開催となった。*世界と日本のエンリッチメント事情はどう変わっているだろうか。ついに日本で開催されるという期待感とともに、運営側としては、常に緊張が走る日々だった。

初日の京都市動物園で行った一般公開シンポジウムとアイスブレークのパーティから始まり、2-5日目には口頭発表・ポスター発表やシンポジウム、実践型のワークショップなどが行われた。ほとんどの時間帯で2つのプログラムが走り続ける盛りだくさんのスケジュールだった。

その中でも、2日目の朝に行われたゾウの福祉に関するシンポジウムは、時計台の大きなホールを使う唯一のセッションで、運営側としても肝入りのひとつだった。異なる文化及び立場から、それぞれゾウの福祉について話し合うことが目的だ。陸上の哺乳類で最大の体サイズであることに加え、複雑な社会を築き、認知能力も高いゾウの福祉に関する関心は国内外で高い。アメリカなどではゾウ飼育そのものに厳しい視線が常に注がれているし、日本でも井の頭動物園の花子（2016年死亡）というゾウを見たブロガーの方の動きをきっかけに、2017年に海外のアフリカゾウ研究者による、日本の動物園で単独で飼育されているゾウに関する批判レポートが提出されるなど何かと動きがある。**一方でアジアの生息国では使役ゾウとしてヒトと共に生活してきた歴史や、人とゾウの間の軋轢などもあり、

＊主催はわれわれ京都市動物園に加えて、京都大学の2つのプログラム、公益財団法人日本モンキーセンター、SHAPE-Japanの5団体だ。他にも複数の学会やNPOに後援いただいた。なお、SHAPE-Japanは前述したThe Shape of Enrichmentの日本支部で2013年に環境エンリッチメントに興味を持つ動物園職員と大学の研究者によって立ち上げられた。

＊＊なお京都市動物園の美都もその中に入っていたが、現在は単独飼育は解消されている。

関わり方の多様性もかなり高いという、大型動物の中でも独特の存在だ。

野生アジアゾウの研究で著名なRaman Sukumarさん（インド科学大学）からのインドにおけるヒトとゾウの関わりについての発表からはじまり、北米の動物園のゾウの福祉に関する大規模なプロジェクトに携わり、ミスターエンリッチメントとの呼び名もあるDavid Shepherdsonさん（オレゴン動物園）によるアメリカでの取り組みについてのお話が続き、さらに日本の動物園の状況を伝えるために成島悦雄さん（公益社団法人日本動物園水族館協会）、京都市動物園でのゾウの同居の取り組みについて黒田恭子（京都市動物園）が、エンリッチメントや結核の治療について萩原慎太郎さん（福山市立動物園）から話題提供いただいた。その後小説家の川端裕人さんが進行役を務めたパネルディスカッションが続いた。その中でそれぞれの発表者がお互いの発表で気になったところについて質問しあったり、世界全体で議論の的になり続けている直接飼育・間接飼育の話題について話し合いながらお互いにどのような協力が可能かを考えていった。

なお、今回の黒田の発表では、京都市動物園で約13年間単独で暮らしていた美(み)都(と)というゾウと、2014年にラオスから来たゾウたちの同居の取り組みについて、美都たちゾウの行動変化などのデータや動画をもとに紹介した（これについては第4章に詳述）。

他にも今回の会議で京都市動物園から10名の職員が日ごろの取り組みについ

ゾウセッションのパネルディスカッションの様子。
左から川端裕人、幸島司郎（京都大学）、Raman Sukumar、David Shepherdson、成島悦雄、黒田恭子、萩原慎太郎の各氏。日本の動物園関係者の後ろにいるのは、通訳係の京都大学の大学院生とわたし。

て、口頭発表やポスター発表を行った。内容はブラジルバク・ツシマヤマネコ・ゴリラ・アカゲザル・ツキノワグマ・コンゴウインコ・チンパンジー・アムールトラ・テンジクネズミを対象とした環境エンリッチメントの取り組みの紹介から、その教育への応用や、来園者と一緒に行う形作りまでと、それぞれが自身の取り組みを紹介した。

4日目にはハズバンダリートレーニング*や環境エンリッチメントに関しての実践を交えながらのワークショップを行った。こうした実践的なワークショップ形式の企画は環境エンリッチメント会議ならではだ。京都市動物園で行ったSHAPE-Japan主催の環境エンリッチメントワークショップでは、ゴリラ・チンパンジー・ヤブイヌ・アムールトラの4班に分かれて、それぞれの動物に対しての環境エンリッチメントについて話し合い、作成まで行った。短時間で、様々な装置が出来上がっていく様子は圧巻で、日本人だけでは出てこないだろうと思われる発想も規模も多かったように思う。トラが寝室で寝るためのベッドやゴリラやチンパンジーの遊具などその一部はすでに京都市動物園の施設に設置されている。

なお、ハズバンダリートレーニングのワークショップは、大牟田市動物園**の伴和幸さんと冨澤奏子さんによる運営だった。班に分かれてゲームをしたりしながらトレーニングの基礎を学べるワークショップは盛り上がったようだ。最終日に

＊動物園では時に、健康診断の際の麻酔や採血、捕獲など、健康管理の上では不可欠だが動物にとっては苦痛になりうる作業もしなければならない。ハズバンダリートレーニングとは、そうした処置をしやすいように特定の動作や体勢をとることを動物たちに学習してもらうことで、それらの処置に伴う動物への負担を軽減するためのトレーニングを指す。この章でも後から具体例が出てくる（69ページ参照）。

＊＊大牟田市動物園は、動物園をあげて動物福祉の取り組みを進めている動物園だ。ハズバンダリートレーニングも多くの種で行っていて、採血や妊娠中のエコー測定などが無保定（動物を捕まえて押さえつけたり、麻酔をかけたりして不動化しない状態のこと）でできる種が複数いる。

は、午前中のワークショップやシンポジウムの後に、京都市動物園を世界各国から来た参加者に見ていただくツアーを行った。

動物福祉の潮流

今回の会議には、全体として16の国・地域から３５１名の参加者があった。京都市動物園の一般公開シンポジウムと合わせると４００名以上となる。これは少なくとも過去10年の国際環境エンリッチメント会議の中では最大数となった。もう少し統計を見ると、日本からの参加者が全体の約７割で、そのうち約3割が日本の動物園・水族館関係者（約40園館から）で、約４割が大学関係者という内訳だった。また、発表の内容も環境エンリッチメントの実践・評価はもちろんのこと、動物の死に関する哲学的な考察から野生で暮らす動物たちの調査の話まで様々だった。今回の数多くの発表を通じて、現在の世界の潮流として感じられたことを３つ、以下に列挙したい。

まずは、動物福祉的な配慮を考えるうえで、苦痛からの解放というスタンスから、動物にとって最適な福祉状態を目指すというスタンスへの転換だ。環境エンリッチメントの初期の研究は、どのように苦痛を減らすのかということが焦点となっていた。たとえば、従来は動物の異常行動やストレスをいかに減らすのかということが大きなフォーカスとなっていた。現在でももちろん飼育動物の常同行動への対処や、過度なストレスを減らすことは重要なポイントだ。しかしそうし

一般公開シンポジウムで京都市動物園の取り組みを紹介しているところ。

た視点だけでなく、動物にとって生きる価値がある暮らしを目指すということが何度も強調されていた。

しかし、動物にとって最適な状態とはいかなるものなのか。これこそが動物福祉を考えるにあたっての究極の問いである。衛生面と栄養面が満たされるだけでは足りないということはわかっているものの、他に何を満たせば動物たちは満足するのだろう。この点についてよく引用されていたのが、ニュージーランドの獣医学の教授であるDavid Mellorさん（マッセー大学）が提案した５つの領域モデル（Five domains model）である。従来より、動物福祉に配慮する基準として、５つの自由（Five freedoms：①飢えと渇きからの解放②不快からの解放③痛み、怪我、病気からの解放④正常行動発現の自由⑤恐怖・苦悩からの解放）がある。この基準は動物福祉の多面性が具体的にわかりやすく示されており、これまで動物福祉への配慮・評価という文脈で頻繁に用いられてきたものだ。Mellorさんの５つの領域モデルは５つの自由で重要視されているカテゴリーを引き継ぎながらも、栄養・環境・健康・行動・精神の５つの領域をもとに生きがいのある暮らしを目指すものだ。２０１５年に世界動物園水族館協会（ＷＡＺＡ）が出版した動物福祉戦略にも採用され、動物園業界では影響力があるものとなっている。

他にも、動物園の展示デザイナーとして著名なJohn Coeさん（Jon Coe Design Pty. Ltd.）は、自身の関わった展示デザインなどを紹介しながら、動物がとりうる選択肢の存在と、環境を動物自身がコントロールできるということの重要性について強く主張していた。どのように動物福祉をバランスよくモデル化するか、という問いに関する議論は続いていくだろうし、種によって具体的にどのような形でこうしたモデルを適用していくのかということも目下の課題だ。

現在の潮流の2つめは、根拠をもとに行うというエビデンス（根拠）ベースの取り組みが日本でも海外でも増加しているという点だ。環境エンリッチメントは、実践がまず第一である。それでもただやみくもに行うよりも、行ったエンリッチメントがどのような影響を与えたのかということを調べたり、過去の研究結果をもとにした実践を行うことが、効果的に動物福祉を向上させることにつながる。時によかれと思って行ったことでも、結果として動物にとってデメリットの方が大きくなることも考えられる。行動などを指標として、行った環境エンリッチメントを評価した発表が多くあり、実施‐評価のプロセスが当たり前となってきているることが伺えた。さらにアメリカでは飼育ゾウを対象に園館をまたいだ大規模な行動・生理指標の調査を行い、それを基盤とした施設改修などが行われるなど、さらに一歩先に進んでいる印象だ。

また、動物福祉につながる研究領域も広がっている。先にも述べたように動物福祉は多面的なものなので、それぞれの取り組みに合わせた評価を行う必要がある。それに呼応して動物園動物を対象としたものでも、たとえば、栄養学的な観点からの評価だったり、進展の目覚ましいゲノム科学と融合したような評価も少しずつ行われるようになっている。

3つめは、動物福祉がすべての活動の基盤となることだ。今回の会議のテーマはLearning from the Wild: Animal Welfare, Conservation and Education in Harmony（日本語訳：野生から学ぶ——動物福祉・保全・教育の調和を目指して——）だった。そのため、動物園で環境エンリッチメントの実践を行う人たちはもちろんのこと、野生動物の暮らしを知るフィールドワーカーや保全に関わる人たちも参加し、普段よりも多様な人たちの集会となった。

それが表現されたセッションとして、たとえば中部大学の牛田一成さんたちが企画した生息域外保全（動物園など動物が本来暮らしている生息域ではないところで行われる保全の取り組み、以下域外保全）のセッションが挙げられる。動物園は動物の域外保全の場としての役割を持つ。域外保全の究極の目的は、野生復帰である。しかし野生復帰を考えたときに、動物が動物種本来の行動パターンや、野生環境に適応可能な生理状態を持っていなければうまくはいかないだろう。動物福祉への配慮は仕方なく行わなければならないものではなく、積極的に行うことが動物園の様々な役割を果たす基盤となるのだ。また、動物福祉を単体として考えるのではなく、こうした様々な活動との関連をより意識することで、環境エンリッチメント自体も進歩していくだろう。

（山梨裕美）

国際会議の準備から開催まで

国際環境エンリッチメント会議は日本で初開催だった。他の学会のように多くの学会員がいるわけではないので、限られた人員で2年ほどかけて、関係者とともに準備を続けてきた。２０１６年12月に開催地が日本と決まってから、参加者を確保するべく色々な努力をしてきた。全体を通してのテーマ・日程、招待講演者・企画・パーティなどを考えて魅力的な会議にすることはもちろん、別の国際会議や国内学会などがあればその都度宣伝をした。他にも色々な仕事があり、予想外のことがたくさんあった準備の日々は、正直大変だったけれども、参加者の方々から「とても良い会議だった」「楽しかった」と言ってもらえるととても嬉しかった。「準備本当にお疲れ様……」と同情されることも多々あったので、疲れが顔ににじみ出ていただろうというところは反省だ。

日本の中だけにこもっていると、どうしてもその中の「当たり前」が当たり前になってしまう。国際会議で様々な人たちが一堂に会して意見を交換することで自分たちが行っていることを相対的にみることができる。アメリカやイギリスなど、動物福祉先進国の国々の取り組みはやはりすごい。エビデンスをベースにした大規模な施設の改修や複数の動物園をまたいだ取り組みなど、自分たちの現状を鑑みるにすごくうらやましいという思いを抱く。施設だけでなく、動物の暮らしのサポートに関わる人の人数と層の厚みが違う。ただ実際にこの業界のレジェンドたちと話していると、彼らが仕事を始めたときには環境エンリッチメントや動物福祉をメインに研究をしている人たちは「まれ」だったと言う。深いしわが刻まれる笑顔から発される言葉の中に、現実をみながらもポジティブに突き進んできた先人たちが積み重ねてきた日々が感じられて、これからも頑張ろうと思えたことも大きな収穫だ。

（山梨裕美）

3　京都市動物園での取り組み──実践から研究まで──

知恵を絞って努力を続ける

京都市動物園でも動物福祉に配慮するために、様々な環境エンリッチメントやハズバンダリートレーニングなどの取り組みが行われている。たとえば、野生では樹上で過ごす時間の長いチンパンジーの運動場では、動物たちが食べたり、休んだり、遊んだりできるような環境づくりをしている。同じ類人猿の仲間のゴリラのおうちでも植樹が行われている。ただ、植えても植えてもゴリラたちが折ってしまったりするので、ふかふかの森にするには時間がかかりそうだ。なかなか自然な木だけでは三次元空間を活かすことが難しいので、人工的な素材を同時に使って、高いところで休んだり、移動したりできるようにもなっている。

群れで暮らす動物は仲間と暮らせる環境を整えることも大切だ。アジアゾウの美都は2001年に友（とも）というゾウが亡くなってから単独で暮らしていたが、2014年にラオスから来た4頭のゾウたちが仲間入りして、2016年より同居の取り組みが進められている（第4章参照）。ただし、単純に一緒にすればいいというわけではない。他個体と一緒にいることは、環境や動物たちそれぞれが築く関係性によってはストレスにもなりうる。そのため、動物たちがお互いの距離感をその時々で決められるような環境作りも大切だ。

たとえばチンパンジーの運動場は複数に分かれている。みんなでぎゅっと集まって何かをしていることもあれば、ばらばらに休息していることもある。特に御年30歳のタカシは割とひとりで過ごすのがお好みのようで、他の個体から離れて緑の中に溶け込み、どこにいるかわからないことも多い。なお同種他個体だけではなく、時にわたしたちヒト（来園者の方も含む）から隠れることも必要だろう。

そしてもちろん食への工夫も欠かせない。野生動物の多くは一日の多くの時間を食べ物を探索したり、食べたりするのに費やしている。種特有の採食方法が発現できるように、運動場全体に食べ物をまいたり、段ボールやブイ、塩ビパイプの中に食べ物を隠して動物たちがそれぞれ工夫をしながら採食することができるようにする。アムールトラのオクが、するどい犬歯をちらつかせながら大きな口で段ボールをちぎって中の肉を取り出す様子をご覧になった方もいるだろう。チンパンジーやゴリラでは、道具を使ってジュースを飲んだり食べ物を食べたりすることもある。ゾウには屋内施設にタイマー式のフィーダーがあって、職員がいない時間帯に食べ物を落とすことができるような工夫もしている。

それから、健康で長生きしてもらうためには、そもそも食事メニューがその動物に適しているのかどうかも、その都度見なおしていかなければならない。最近では、スローロリスやショウガラゴの食事が野生本来のものに近づくように、樹

アラビアガム（アカシアの幹を傷つけたときに産出される液体）をなめるスローロリスのカム。野生のスローロリスはこうした木の樹液をよく食べることが知られている。人にはほとんど味のないシロモノだが、不思議なことにスローロリスは生まれて初めて出会った時から迷いなくおいしそうに食べる。

(左) 消防ホースを編んだハンモックでくつろぐニシゴリラのゲンタロウ。消防ホースは消防署で不要になったものを提供していただいている。
(下) ぶら下げたブイで遊ぶジャガーのミワ。

段ボール箱の中から取り出した骨つきの肉にかぶりつくオク。野生では獲物を探して狩りをする動物だ。

液や昆虫を中心としたものに変更した。野生動物が食べる果実は、ヒトが食べる農作物よりも一般的に食物繊維の含有量が多く、糖度も低い。過去の研究から果物中心の食生活と肥満や歯の問題の関連が報告されている。ヨーロッパを中心に、霊長類の食事メニューからバナナなどの果物をなくし、野菜などを使うようにするということがトレンドになってきている。中でもゴリラたちは葉や牧草、野菜ばかりの青青とした食事なのが見に来ていただければわかっていただけるかと思う。

　また、ゆったりと休息ができる環境も大切となる。古い消防ホースを再利用して、ハンモックを作ったり、藁（わら）を敷いたりしてゆったりと休める場所を作ることも定番だ。夏の暑い日には日陰がないとつらいし、冬の寒い日には風が避けられる場所があって動物が選べることも欠かせない。アフリカに暮らす動物は暑いところがへっちゃらかというと全然そんなことはない。場所にはよるだろうが、森の中は木々に守られて涼しい場所もたくさんある。

　他にも、健康管理のためには時折、注射や採血など、動物にとっては痛みを伴うことも必要になる。ただ、そのたびに動物たちを捕獲したり、麻酔をかけるのは、彼らに負担をかけることになる。そのため、動物たちがそうした作業に自ら進んで協力してくれるように少しずつ慣らしていく（こうしたことをハズバンダリートレーニングという）。こうしたハズバンダリートレーニングの成果をいくつかあげるとすると、ゾウやキリンなどの動物では採血や削蹄（さくてい）が定期的に行われているし、ゴリラのモモタロウはなんと血圧測定が可能だ。これらは動物園の取り組みのほんの一部で、すべての取り組みは歴代の動物園職員が知恵を絞って続けた努力のたまものだ。

コラム

ゴリラたちのハズバンダリートレーニング

動物園で飼育されている動物たちは、健康管理のために様々なトレーニングをしている。海外のデータでは、飼育下のゴリラ、特にオスは心臓病などの循環器系の病気で亡くなることが多いそうだ。そのため数年前から少しずつ、京都市動物園のゴリラたちも、血圧測定などのトレーニングを始めている。

まずは大人から。オスのモモタロウとメスのゲンキ、それぞれの腕の太さに合わせて、血圧計を固定したスリーブ（ゴリラたちが腕を入れるための器具）を作成し、スリーブの中に腕を入れることに慣らすことから始めた。格子状のスリーブの外から、角切りリンゴなどの餌を差し出し、それを取るためにゴリラたちが自然とスリーブに腕を入れるようにする。初めはリンゴを取るために腕を入れても、受け取ったらすぐに腕を抜いてしまったが、少しずつ腕を入れることに慣れていった。今度は、腕を入れている間はリンゴをもらえるけれど、腕を抜くともらえないということを覚えてもらって、スリーブに腕を入れたまま維持してもらうようにする。その後、血圧計に空気を入れても腕を抜かないように慣らすトレーニングへと続く。

ゲンキは、餌をもらえていれば多少の痛みや違和感は我慢できるタイプ。血圧計の締め付けも、彼女にとってはあまり高いハードルではなかったようで、思ったよりも早く測定できるようになっ

た。ただし、ゲンキはじっとすることが苦手なので、測定中にどうしても腕がごそごそ動いてしまって測れない……ということが多々ある。２０１８年12月に第2子のキンタロウを出産し、赤ん坊を抱いている現在は、トレーニングを育休中だ。

一方、普段からゲンキの何倍もビビりなモモタロウは、スリーブに腕を入れるところまでは予想以上に早くできたのだが、血圧計に腕が締め付けられるのがとても怖いらしく、空気を少しでも入れ始めるとすぐに腕を抜く……という状態が続いた。モモタロウは、注射器で肩のあたりに生理食塩水を５mℓほど入れることができる。最終的に何をするかがわかっている担当者（私）からすると、注射のトレーニングより痛くもなく、ハードルの低いトレーニングのように思えるのだが、モモタロウには最終段階がわからない。もっと痛いことや怖いことが起こるのかもしれない……とめちゃくちゃビビっていたのかもしれない。

そこで、ゲンキに使っていた、自動で空気を入れるタイプの血圧計ではなく、手動で空気を入れるタイプの血圧計に変えてみた。すると、自動でウィーンという音がしながら腕が締め付けられるより、担当者がシュポシュポ空気を入れるほうが怖くなかったようで、少しずつ慣れてくれた。今では数回に1回くらいの頻度で血圧が測れるようになった。ゲンキもモモタロウも、血圧の値は正常で、今のところ特に問題はない。現在、モモタロウは血圧測定や注射以外にも、心電図の測定もできる。今後は、心エコーや採血のトレーニングにも取り組み、よりよいゴリラたちの健康管理を目指していきたいと思っている。

（安井早紀）

トラがウロウロする時はいつなのか

実際に環境エンリッチメントは京都市動物園の動物たちにどのような影響を与えているのだろうか？　京都大学野生動物研究センター大学院生（当時）の岡桃子さんらとともに、環境エンリッチメントや来園者の存在、気温、時間帯がアムールトラの行動にどのように影響しているかについて調べてみた。*

２０１７年当時暮らしていた、アオイ・オク・ルイという３個体のトラが対象となった。６月から11月の間に53日間、岡さんが彼らの行動を記録した。段ボールに肉を隠したり、肉汁を凍らせた氷を与えるなど採食行動を多様化するためのもの、タイヤや他の動物種の匂いのついた笹などを設置して遊び行動を誘発できるようなもの、運動場の様々なところに食べ物を隠して探索行動を引き出すものなど、複数のエンリッチメントが日替わりで行われていた。

結果として、運動場内に設置するエンリッチメントの種類が多いと、トラのエンリッチメントの利用頻度が増加する一方で、常同歩行（飼育動物がウロウロと同じ場所を行ったり来たりすることを繰り返す行動、本章73ページコラムに詳述）頻度が減少することがわかった。やはり複数のエンリッチメントを設置することで、探索行動や捕食行動に類似した行動等多様な行動を引き出すことがで

*岡桃子、山梨裕美、岡部光太、松永雅之、平田聡．(2019)．飼育下トラにおける環境エンリッチメントの有効性及び来園者による影響の検証．動物の行動と管理学会誌、55(3), 107–116. doi:10. 20652/jabm.55. 3_107

ゆっくり休めるようにと製作された消防ホースを編んだベッドの上で休むアオイ。笹はレッサーパンダが使ったものなので、他種の動物の匂いも場合によっては良い刺激になりうる。なお、このベッドは国際環境エンリッチメント会議のワークショップで製作されたものだ。

き、常同歩行を抑制することができるようだ。ただし、時間帯ごとに調べてみると、朝から夕方にかけて常同行動が増えていくことがわかった。環境エンリッチメントは朝に行われていることが多かったので、今後は常同行動が多い時間帯にどのように対策をしていくのかということが課題としてあげられた。

なお、エンリッチメントをしていても常同歩行が多い日も少ない日もある。そこで来園者数や気温との関連も同時に分析することにした。京都市動物園のトラ舎は来園者と距離が近い。来園者の存在が影響している可能性は大いにあると考えて検討を行ったが、常同行動と来園者数には関連がみられなかった。ただしオクには来園者が増加すると休息行動が増加する傾向が見られたことや、場所利用にも変化が見られたため、来園者が行動に与える影響はないわけではない。来園者の存在と行動の関連についてはっきりとした結論を言うにはデータが足りていないというのは言い添えておきたい。

気温の方は常同行動に影響しているようだった。たとえば、アオイとオクに関しては気温が高いほど常同行動が減少していた。つまり暑いと活動性が下がるので、常同行動も減少するようなのだ。

なお、こうした評価を行ううえでの定期的な観察は職員だけでは手が回らないところも多いので、学生や外部の研究者との連携が不可欠だ。

常同行動とは結局なんなのか

この章を読んで、おや？と思われた方もいるかもしれない。常同行動とはいったい何なのか。常同行動には様々な種類があり、一見無目的に見えるような行動を繰り返し続ける飼育動物に特有の行動である。この章で出てきたトラの常同歩行もそのひとつだ。他にもキリンなどに見られる舌を動かし続ける舌遊びや、人工哺育で育った霊長類などによく見られる体を揺らし続ける行動（ロッキング）など様々なものがある。基本的には動物たちが本来持つ欲求が満たされないことにより発現するものと考えられている。

たとえばRoss ClubbさんとGeorgia Masonさんが2003年に出版した有名な論文によると、肉食動物において野生での行動域が広い種ほど飼育下でも常同行動を行うことが多いと報告している。そのため、動物園ではそれを減少させることがエンリッチメントのひとつの大きな目標になるだろう。Ronald Swaisgoodさん（サンディエゴ動物園）とDavid Shepherdsonさん（オレゴン動物園）たちは、2006年に出版された常同行動に関する本の中で、環境エンリッチメントと常同行動の関係について過去の研究論文をメタ分析した結果を報告した。彼らの分析によると、環境エンリッチメントを行うことで常同行動を50～60％の割合で減らすのに成功していたと報告している。しかし限界もあり、時に常同行動の変化には影響を与えないことや、むしろ増加させることがあることも報告されている。このことはその特定のエンリッチメントが、動物のその特定の常同行動を行うモチベーションを低下することにつながらなかったということなので、その他のエンリッチメントを試してみる必要があるだろう。

ただし、その発現には他にも複数の要素が関わってくるので、単純にストレスだけに結びつけるのは難しい。常同行動のメカニズムについては、Georgia Masonさん（ゲルフ大学）らが主に3つの仮説をあげている。（1）現在の環境や動物の内因により常同行動をおこさせている、（2）環境がストレスを与え続けることで行動の発現や制御に問題を与えている、(3)過去の環境が中枢神経系の発達にダメージを与え、行動の発現や制御に問題を与える。つまり、常同行動は現在の環境要因だけでなく、過去の環境により受けたダメージが長期的に影響している可能性もある。その場合には、エンリッチメントをしても常同行動は減らないこともあるだろう。実際に、動物園などで環境が改善されても、広い施設の中の一部を行ったり来たりする動物を見かけることもある。なので、常同行動には早いうちの対処、できることなら予防することが何よりも大事だ。

常同行動は、動物が本来適応してきた環境とは異なる環境に適応するために行うものである。常同行動の獲得には刺激の不足などネガティブな環境要因が関連していることが多いが、一旦獲得された常同行動は、それを行うことでストレス緩和にもつながる場合があると言われている。そのため、モチベーションに目を向けずに、ただ常同行動をさせないようにする場合には福祉としてはむしろ悪化してしまうこともあるかもしれないため、注意が必要だ。そのため、エンリッチメントを評価する際には、常同行動だけを指標にするのではなく、その他の行動も併せてみながら検討することが大切だし、動物たちが常同行動をするよりも楽しいと思えるような環境を提供することが必要だ。

さて、ここまで常同行動についてのややこしさを述べてきた。この行動をゼロにするのは肉食動物など一部の系統については特に難しいことだ。それでも不可能なことではないらしい。2013年に北米の20の動物園でホッキョクグマの常同歩行に関する大規模な調査結果をまとめた論文が出版された。この章でも既出のDavid Shephedsonさんらの研究で、常同歩行に関連する環境および個体要因を調べたものだ。この研究のひとつの結論としては、多様な環境エンリッチメントを行うことが、常同歩行を減らすことに有効だということだ。ただしエンリッチメントだけでそれをなくすことは非常に難しいとも述べている。複数の動物園をまたいで、多くのホッキョクグマを対象としたこの研究の価値はとても高いものだが、この結論自体はさほど目新しいものではない。個人的に驚いたことに、この論文の中に「観察した55個体のうち8個体はまったく常同歩行をしていなかった」と記されていたことだ。9時から17時ころまで動物が展示場に出ている間の行動を、複数の日にわたって記録しているものなのだが、それでも常同歩行がまったくない個体がいたというのだ。この研究では夜間過ごす屋内施設での行動は記録されていないし、その8個体は幼い個体も含まれていたのかもしれない。それでも常同歩行を行わない個体が複数いるということだ。上述の通り、常同行動は複雑なメカニズムが隠れているため一筋縄ではいかないものではあるものの、決してそれを言い訳にしてはいけないのだろうと常に思っている。

（山梨裕美）

ニイニから広がる世界

野生本来の行動発現を促すことは、動物福祉向上のための方策として捉えられているが、発達の適切な時期に工夫を行わなければその効果がないこともある。2009〜2012年頃、大学院生の時にアフリカのチンパンジーを数か月にわたって観察をする機会を得た。日がな一日チンパンジーを見続けられた経験は本当に贅沢(ぜいたく)なもので、いまでもチンパンジーを考えるときの基盤になっている。その中でも自分の中で何度も思いだすのはベッド作りだ。一日の終わりにチンパンジーは木の上に登って、揺れる枝の上で枝を編み込んで、ベッドを作り始める。枝がバキバキと織り込まれていく音に加えて、時折「オオオオオオオ…」と、夜間休息前にチンパンジーが発するベッドグラントと呼ばれる声も聞こえてくる。今日も一日が終わるのかという安堵感とともに、チンパンジーたちがこだわりをもってベッドを作る姿は見ていて飽きない。こうした野生チンパンジーのベッド作りの営みについては座馬耕一郎さん（長野県看護大学）の『チンパンジーは365日ベッドを作る』（ポプラ社、2016年）に詳しく書かれている。座馬さんは、365日毎日ベッドを作り続けるチンパンジーはベッド職人だとこの本の中で書いている。

ベッド作りはすべての野生大型類人猿が行う。同じ類人猿でもテナガザルはベッドを作らないので、ベッド作りは大型類人猿の大きな特徴だ。しかし動物園の個体は必ずしもベッド職人ではない。わたしたちは2015年に、チンパンジーの行動スキルに関するアンケート調査を行った。* 行動スキルはここでは、ベッド作り・道具使用・社会行動・繁殖行動を対象とした。日本の動物園のチンパンジーは大きく分けて、野生生まれと飼育下生まれに分かれる。たとえば2019年時点で京都市動物園にいる個体では、コイコだけが40年以上前にアフリカからやってきた野生生まれの個体だ。また飼育下生まれの個体も、母親に育てられた個体と何らかの理由で残念ながら母親に育てられず、人に育てられた個体に分かれる。この3つのグループ（野生生まれ・母親哺育・人工哺育）に分けて38の動物園に暮らす、217個体のチンパンジーの行動スキルの違いを分析した。

*京都市動物園．（2018）．［宿題調査報告］動物園のチンパンジーがもつ生活スキルに関する調査．動物園水族館雑誌，60(2), 36-52.

すると、人工哺育の個体はベッド作り・道具使用・社会行動・繁殖行動において適切な行動の発現割合が低かった。母親哺育の個体は、道具使用や社会行動、繁殖行動については、野生生まれの個体と同じくらいかそれ以上の割合で適切な行動を発現していた。しかしベッド作りだけは、野生生まれの個体が、飼育下生まれの個体よりも適切な行動を発現する割合が高かった。京都大学野生動物研究センター熊本サンクチュアリの個体を含めて51個体のチンパンジーの行動観察を並行して行ってみると、野生生まれの個体は枝を編み込むというスキルを持っていることがわかった。野生生まれの個体は幼い頃にアフリカから連れてこられているので、そのスキルをどのように学習し、維持しているのかとても不思議なのだが、そのこだわりとスキルは飼育下生まれの個体とまったく違う。

ここまでのことからわかったことは、飼育下ではベッド作りのスキルやこだわりがどうも受け継がれていないということだ。野生生まれのチンパンジーはもうすでに40歳以上になってきているので、彼らがいなくなればベッドづくりの技術は飼育下では途絶えてしまうかもしれない。チンパンジーがベッドを作るという事実は多くの動物園で共有されていることなので、わらや消防ホース、麻袋などチンパンジーがベッドを作る素材は与えられることが多い。しかし考えてみると、わらや消防ホース、麻袋ではさほど頑張らなくてもそれなりのものができてしまう。また、チンパンジーたちが作るベッドを見てみると、飼育下生まれの個体の

野生のチンパンジーの樹上ベッドを下から撮影したもの。

中には自分の周りに結界をはるように丸い円陣を作るだけの個体も多い。調べたところ、野生でも高い木の上で行われるこの行動が、どのように習得されるのか長期的な観察をもとにしたデータはない。チンパンジーは生まれた直後はお母さんと一緒のベッドで寝ているが、4-5歳で離乳するころになるとお母さんのベッドの近くに自分でベッドを作って眠るようになる。道具使用同様、ベッド作りも社会的に学習されると考えられているものの、チンパンジーが何をどのように、だれから習得するのか学習様式についてはほとんどわかっていない。飼育下ではチンパンジーのベッド作り技術は受け継げないのだろうか。

そこで京都市動物園のチンパンジーを対象に、ベッド作りの発達の様子について調べてみることにした。京都市動物園には2014年当時、4個体のおとなのチンパンジーと2013年に京都市動物園で生まれたニイニがいた。幸運なことにニイニのお母さんのコイコは野生生まれで、枝を編み込むスキルを持っていた。そこで京都市動物園の飼育担当者や工務担当の方々と話しあい、お母さんのコイコが夜間枝を編み込んでベッドを作る様子を見ることができるような工夫を行うことにした。2015年2月と5月に、ベッド作りのための枝を導入しやすくなるような2台の寝台を作製し、屋内運動場に設置した。そこに歴代の飼育担当の方が、定期的に枝をさしこむという作業を続けてくれた。

プロジェクト開始から早4年以上が経過した。ニイニは2019年2月で6歳

母親のコイコが枝を編み込んだベッドを作る様子を観察するニイニ（上）。自分で作ったベッドの上に寝転ぶニイニ（下）。両方ともニイニが４歳９か月のころの写真。

となり、野生ではひとりでベッドを作って寝る年齢になった。この間ニイニのベッド作りスキルは大いに向上した。いくつかの行動パターンは初期から発現していたが、3歳になるとコイコの持つすべての行動パターンの発現が見られるようになり、4歳になると、もっとも難しい枝を編み込むという行動が頻繁に見られるようになった。いっちょ前に小さい葉っぱを置いて最後の仕上げをしている姿を見るに、ベッド職人の称号にふさわしい。ただ作っても最終的にはコイコのところで寝ているところがまだまだ甘えん坊だ。

興味深いことに、ニイニが学習したのは母親の行動パターンだけではなかった。父親のジェームスやタカシという群れの男たちが行う、謎の動作まで覚えたのだった。チンパンジーは大人になると新しい動作の習得は難しいと報告されている。実際にニイニ以外のおとなの個体はこの期間で技術の向上はみられず、他個体の行動を見るような行動も観察できなかった。しかしニイニは、群れのメンバーの持つ動作を習得していったし、コイコの行動を眺める様子は何度も観察できた。幼少期の多感で柔軟な時代に、こうした適切な環境を提供することが何よりも大切であることを示唆している。

枝を設置したり、それを片づけたりする作業は正直とても面倒だ。野生ではチンパンジーが枝を折ってベッドを作ることを支える森があるからこその、この行動だ。最初は、3年かけてもニイニができるようにならないかもしれないというところから始まったので、その面倒な作業が無駄になったらどうしようかと心配だった。開始から4年以上、歴代の飼育担当者が継続したことでチンパンジーの文化を次世代に引き継ぐことができた。この取り組みは、京都市動物園だからできたことだと思う。２０１８年6月にニイニの弟のロジャーが生まれた。1歳頃からロジャーも小さい手足を使って、ベッド作りらしき行動を開始した。ロジャーのお母さんは飼育下生まれのローラだけど、きっとお兄ちゃんのニイニの様子を見てすてきなベッド職人になって文化を引き継いでいってくれると期待している。

動物福祉の客観的評価

動物福祉をどのように客観的に評価するのかというのは、動物福祉科学の大きな問いのひとつである。これまで行動や生理指標など生物学をベースにした、様々な推定が行われてきた。その中でも行動の変化は、動物に負担をかけずにあらゆる環境で適用可能なので、もっとも多く使われているものだ。

主に行動の視点からすると、その種本来の行動の増加、逆に常同行動などの異常行動の減少、またストレスに関連した行動の減少などがエンリッチメントの目標としてあげられる。他にも、隠れ場所を作るなどしてケンカを減らすことが目的のエンリッチメントであれば、ケンカやケガの頻度がその評価指標となるなど時と場合によって柔軟な対応が必要だ。

行動以外にも、血液・唾液・尿・糞(ふん)・毛などからホルモンなどを測定して生理学的なストレス状態を評価することもある。それぞれのサンプルには利点と欠点があるため、それらを考えながら使うものを選定する。また、心拍測定や体表面温度の測定なども、感情やストレスの指標として使われることもある。ただし、心拍測定などロガー（動物に装着することで温度や心拍などを測定して記録する装置）を動物の体につけなくてはならない手法は、動物園動物では適用できる種が限られる。また、動物たちがヒトとどのような関係を築いているかどうかでも使える手法は変わってくるので、日常のハズバンダリートレーニングが研究の上でも役立つことも多い。

また、目的に合わせた評価が重要なので、動物福祉を構成するどの要素を改善したかによって、評価する項目も変わってくる。栄養面を改善した時には、栄養学的な手法や腸内細菌叢（そう）の変化なども指標にできるだろう。体重も基礎的なデータとして大切だ。本文中に少しだけ記載したスローロリスやショウガラゴを対象として、食事メニューの改善を行った取り組みについては、体重を定期的に確認しながら腸内細菌叢の変化を追っている。この調査に関しては論文がまだ出版されていないので、詳しくはまたいつか。研究者としての仕事は、動物福祉の実践の取り組みをサポートするために、時に外部の専門家とも連携しながら常に新しい手法を模索しながら、新しい視点を提供していくことだと思っている。（山梨裕美）

人工哺育の考え方

人工哺育と聞くと、多くの人は飼育員と担当動物の「絆」を連想し、少し美化した考えを思い描くかもしれない。確かに、人工哺育は飼育員が担当動物の子どもをケアすることで、そこには動物との信頼関係が生まれてくる。そのような関係は、人工哺育を受けて育った動物にどのような影響を与えるのだろうか？

どのような理由で人工哺育を行うことになるのか見ていこう。まずは育児放棄があげられる。母親が子どもを産んだが、母乳を与えず放置する場合や、当初母乳を与えていたが突如拒否する場合などだ。その他には、育児をしようとしているが、母乳が出ない、もしくは母乳の出が悪く子どもが衰弱する場合もある。出産直後に母体に異常が見つかり治療の必要性が出たり、帝王切開で子どもを取り上げたりと、原因は実にいろいろある。

ふれあい始めたゲンキ・ゲンタロウ母子。

それでは、飼育員は積極的に人工哺育を行うことについてどのように思っているだろう。ほとんどの飼育員は担当動物の繁殖を目指し、その繁殖技術の確立とデータの蓄積を行っている。それでは積極的に人工哺育を行いたいのかといえば答えは「ノー（No！）」だ。担当している動物の出産から子育ては、その親が育てる自然哺育が叶うことを願っている。母親（あるいは父親）が一生懸命子育てをしている姿を来園者にもご覧いただき、その姿の尊さや美しさを共有したいと望んでいる。もちろん、人工哺育を行うことで、自然哺育では観察できない部分まで詳細に観ることはできる。だからと言って親が育てているのに無理やり分離し、積極的に人工哺育を行うべきではない。

いったい人工哺育にはどのような弊害があるのだろうか？　それは、人間が育てることで刷り込みが起こり、自分を人間だと認識して育ってしまう動物種がいることだ。このことは、将来その個体が同種の個体と繁殖を目指す時には大きな障壁となる場合がある。これまでいろいろな動物の人工哺育や人工育雛（いくすう）を行った経験があるが、ゴリラとツシマヤマネコを例にして見ていこう。

ゴリラを長期間人工哺育してしまうと、自分を人間のように認識してしまい、ゴリラを怖がりペアリングが難しくなる。そのためゴリラをはじめとする大型類人猿の人工哺育を行う場合、両親や仮母など群れに戻すことを前提として、短期間（1年から1年半程度）で行うべきであることが飼育のガイドラインに定められている。ここで間違ってはいけないのは、人工哺育の期間中は、刷り込まれてしまうことを恐れず、愛情をかけて育てることが重要であり、常に子どもの安全基地になるように努めなければいけない。「飼育員との密接な接触によって、子どもは安心し、新しい経験や状況をより受け入れるようになる。そして、安心感や配慮に対する執着を植え付けるほどには、飼育員との絆は植え付けない」といわれている。そして、群れに戻った後はしっかりと「ゴリラ教育」を受け、ゴリラとしての社会性を身につけ、繁殖へと繋がって行くのだ。

一方、ツシマヤマネコは、人間に対する警戒心が強いため、彼らを飼育管理する場合、飼育環境に馴染まず、その影響が出ることもある。その点、人工哺育個体は人間に対する警戒心が自然繁殖で育った子どもよりも薄れる。ツシマヤマネコの場合は人工哺育で育った個体でも刷り込みよりも本能の方が勝るため、繁殖にそれほど影響がないといわれている。したがって、人工哺育を行うことにより、ヒトへの警戒心を軽減することで、繁殖に繋げていくという手法が今後取り入れられる可能性もある。

いずれにせよ、人工哺育を行うにはその個体が、その種として幸せに生きていくことができるかどうか、それぞれの種の持つ特性を理解し、慎重に検討して責任をもって進められるべきだと考える。

（長尾充徳）

4　動物園全体で考える動物福祉

どこに動物福祉のリスクがあるのか？

ここまで記載してきた通り、それぞれの動物種に関する個別の取り組みやその評価の取り組みは増加してきている。しかし動物たちすべてにいきわたっているだろうか。動物園全体でどのように動物福祉を考えていくのかというのは、京都市動物園だけではなく、日本、世界の動物園での課題である。京都市動物園には約120種の動物が暮らしている。どうしても動物種や環境要素によって動物福祉のレベルに差が出てしまう。動物福祉の配慮は、哺乳類だけではなく、鳥類・爬虫類・両生類・魚類、すべての動物に必要なことだ。京都市動物園の動物たち全体の福祉を向上させていくためにはどのような戦略をとっていくべきなのか。時間も資源も人手も無限にあれば問題ないのだが、そんな夢のようなことは起きえない。まずは動物園でどの動物種のどの要素に福祉に関する課題があるのかを把握して、課題の多いところから着手して、それを動物園職員みんなで考えるというアプローチをとることにした。

動物福祉のリスクを評価するために、まず使用したのが、世界動物園水族館協会のパートナーNPOであるWild Welfareが作成した動物福祉の評価シートだった。この評価シートは、２０１７年に日本動物園水族館協会がWild Welfareから、Georgina GrovesさんとDave Morganさんの2名を招いて行ったワークショップで使用したものだ。このシートは、２０１５年に世界動物園水族館協会が打ち出した動物福祉戦略でも採用された5つの領域モデル（Five domains model）を基本としたもので、環境・行動・栄養・健康・アニマルケアの5つのカテゴリーでそれぞれ環境や動物を評価するものだ。たとえば環境要素であれば、「動物が利用可能な場所に、よじ登る、飛ぶ、ジャンプする、泳ぐなど動物種にとって適切な移動様式が発現できる機会とスペースがあるか」といった質問に0-2点をつけるというものだ。シンプルだけれども、多くの動物種に適用できる利点がある。

京都市動物園の職員がそれぞれ採点して、51展示を評価した。平均点が低い、問題の多い動物種から、高い動物種それぞれに分かれた。ここで出てきた値などを参考にして、ツキノワグマとコンゴウインコ2種を、２０１８年度に動物福祉の改善に力を入れる種として選定した。そして、みんなでこれらの動物の環境を評価するとともに、具体的にどのようなことができるかについてアイデアを募集した。アイデアはたくさん集まり、動物園職員からツキノワグマには全部で68個の提案、コンゴウインコには62個の提案があった。

こうしたアイデアをもとに、ツキノワグマには利用できる空間を増やせるよう

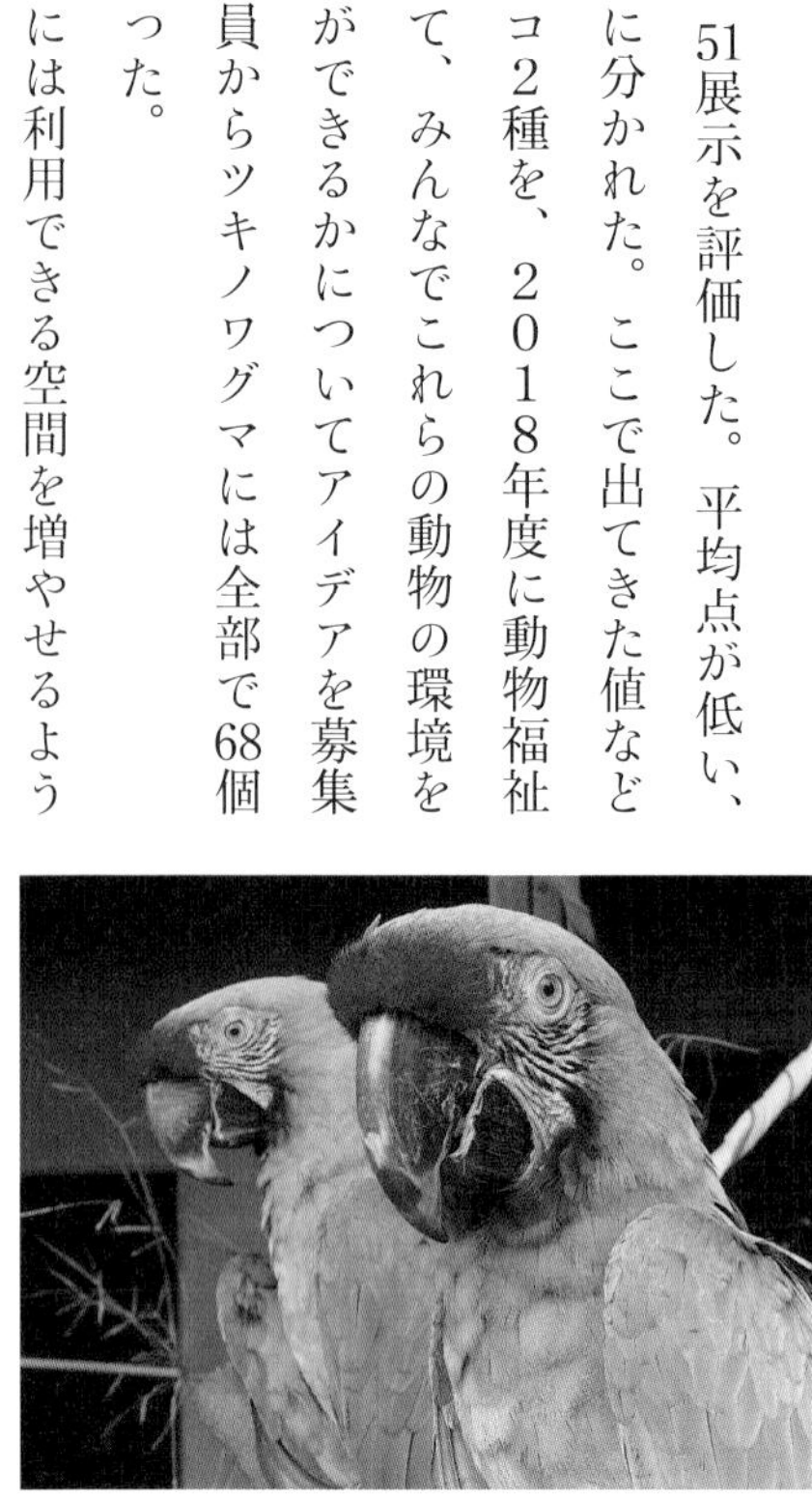

ヒワコンゴウインコのペア。新しいものに反応するまでには時間がかかる個体だ。

消防ホースを編んだフィーダーから食べ物を取り出そうとするほのか。ツキノワグマは野生では採食に費やす時間が長いので、動物園でも工夫をして食べ物を探して食べてもらっている。

葛の葉を食べようとするツキノワグマのほのか。周りにある丸太の一部は、台風で倒れた木を京都府立植物園から提供いただいたものだ。

暑い中植物を植えてくれている博物館実習生の皆さん。樹種はツキノワグマが野生で食べているヤマブドウやアケビなどを選んだ。

に丸太を渡したり、探索行動が増えるように食べ物を隠す場所を複数用意した。他にも消防ホースで編んだハンモックなども用意した。これらを導入した前後で当時学生のアルバイトとして動物園に来てくれていた方々に行動観察をしてもらい、変化を比較した。すると、常同行動が減少し、探索や移動などの行動が増加していた。まだ若いツキノワグマのほのかはあらゆる新しいアイテムを探索していく。丸太の皮をはいだり、フィーダーから工夫して食べ物をとったりするときのほのかの表情は生き生きとしていた。

なお、ツキノワグマ舎に導入した丸太は京都府立植物園から提供いただいたものだ。植物園では２０１８年９月の台風でたくさんの木々が倒れてしまい、その処理に難儀しているということだった。植物園には気の毒だが、動物園にとっては丸太や枝は貴重な資源なのでたいへんありがたく有効活用させてもらった。設置した丸太のうち、杉などはほとんど皮が剥がされて見るも無残な状態となったが、ほのかはずいぶん楽しんだようだ。また、ほのかがいそいそと丸太の上を器用に移動するところが２０１９年９月現在でも見ることができている。

一方で、コンゴウインコたちについては少し難航した。隠れ場所を提供できるように枝を設置して、塩ビパイプで止まり木を作ったりフィーダーを作ったりした。コンゴウインコの２種を一緒に飼育するのはどうかという提案もあったが、試してみたところ仲が悪くてこれは無理だということで諦めた。ツキノワグマ同様、行動が多様化することを期待して行動観察を行ったのだが、短期的にはむしろ活発な行動が減少する結果となってしまった。特にヒワコンゴウインコは塩ビパイプでできた止まり木やフィーダーを使ってくれたのだが、アカコンゴウインコはまったくもって使ってくれなかった。一般的にコンゴウインコたちは高い認知能力を持つので、色々なことができるはずではある。しかし、動物たちもそれまでの「人生」を背負っている。育ってきた環境や性格、年齢によっては、新しいものを受け入れるのに時間がかかる。コンゴウインコたちはまさにその例だった。ひとつ前のチンパンジーのニイニとベッド作りの逆の話とも言える。ヒワコンゴウインコはそれでも慣れていってくれたが、アカコンゴウインコたちはかたくなだった。すべてが功を奏さなかったわけではなく、枝やチェーンをかじったり、消防ホースを編んだフィーダーを使うところは観察できるようになった。

さらなるパワーアップを目指して

さて、2018年度の取り組みを通して、動物福祉の課題がたくさんあることを改めて痛感した。動物福祉が向上するように、継続的に皆で考えていくことが大切だ。2019年度はこうした取り組みをさらに発展させている。たとえば2018年度に利用したWild Welfareの評価シートを大幅に改変して京都市動物園のオリジナルの動物福祉評価シートを作成した。これは佐藤衆介先生（八ヶ岳中央農業実践大学校・畜産部長／東北大学・名誉教授）が考案された動物福祉モデルを参考に、物理環境・社会環境・採食環境（栄養含む）・人との関係・衛生環境の5つの環境要素と行動・健康・感情の3つの動物の状態の評価をもとにして作った（下図参照）。また、動物福祉への配慮は人がいなくなった夜間の時間帯にも重要であることや、動物の発達・加齢段階などにより必要とされる要素は変わる。京都市動物園としては、そうした点も配慮したうえで動物福祉を考えていきたいという思いを込めた。

今年度は、ツキノワグマとホロホロチョウをターゲットとして、動物福祉の状態をチェックして職員みんなでアイデアを出し合った。それに加えて、それぞれが担当する動物について福祉チェックを行い、改善すべき点があればそれについ

佐藤 衆介.（2019）. アニマルウェルフェアの考え方とその取り組み. 臨床獣医，2，10-13. を改変。

環境ベースの評価	1-5の5段階評価（1:まったくない ～ 5: しっかり備わっていて，改善の必要はない，NA:設問が当てはまらない）で評価してください。	昼間	夜間
物理環境	動物が利用可能な場所に，よじ登る，飛ぶ，ジャンプする，泳ぐなど動物種にとって適切な移動様式が発現できる機会とスペースがある。		
	多様な環境エンリッチメントが行われており，変化に富んでいる。遊ぶ，探索する，穴を掘る，砂を浴びる，体をこすりつけるなど，動物にとって見返りのある行動機会を提供している。		
	動物が適切な温度・湿度環境を選択することができる。必要に応じてUVA/UVBライトへのアクセスが可能である。		
	来園者や同種他個体から視覚的に隠れることや来園者から発せられる聴覚的な刺激から逃れることを可能としている。		
	安心・快適な休息がとれるような工夫がされている。止まり木や床材の工夫、隠れる小屋・巣箱の設置に加えて、気温や水質、騒音などへの配慮も行われている。		

京都市動物園で使っている動物福祉評価のチェックシートの一部

てどのような具体的な取り組みが行えるのかを考えて共有できるようにした。もちろんすべてのことがすぐに解決できるわけではないのだが、課題を共有することで、ひとりでは不可能なことでも他の人のアイデアや力を借りればできることもあるかもしれない。動物福祉を常に向上させていけるような明確なシステム作りはまだ試行錯誤の状況だ。動物福祉について動物園全体で課題を共有して解決していく枠組み作りはこれからも続いていくことになるだろう。

（山梨裕美）

ほのかのいちにち

ツキノワグマは京都にも生息している。日本の気候に適応しているとはいえ、京都の暑さは酷だ。2019年の夏は、プールに加えて寒冷紗（かんれいしゃ）をつけて日陰を増やしたり、ミストをつけたりして乗り切ってもらった。また、夜間はこれまで屋内だけで寝ていたのだが（ちなみに冷暖房は完備）、夜も外と中と好きな方を選んで寝てもらえるように屋内外の行き来を自由にした。グラウンドの天井にカメラを設置して、その様子を見てみることにした。わたしたちがいないとき、動物たちが何をしているのか覗いてみるのはいつもわくわくする。

ほのかの場合、日によって寝ている場

枝を折ったり噛んだりするツキノワグマのほのか。枝は京都府立植物園で剪定の際に出たものを利用している。

所は違うのだが、夜間グラウンドにいる時はたいてい横たわって、寝ているようだ。丸くなって寝ていたり、胸元の月の輪をあらわにしてあお向けで寝ていることもある。夜中に起きてポリポリと体をひっかいたり、周囲に落ちている草や藁を上手に集めてベッドを作って寝ていることもある。

ツキノワグマはどうも感情移入しやすい動物なのか、そんな姿を見ているとどこかのだれかを見ているような気分にもなる……。動物を見続けると、自分とは異なる存在でありながらも、その類似性を感じたり、こんなことをするのか！とはっと驚く行動を見せてくれる瞬間が出てくるので学ぶことが多い。

さて、ある日のほのかの様子を見てみると、夕食を食べ終わると早々に寝始めて、明け方まで少しずつ寝相を変えながら寝ていた。そして、朝6時くらいには起きて、グラウンドをウロウロし始めた。ツキノワグマは野生では薄明薄暮（早朝と夕方に活動が活発になる）の活動パターンを示すと言われている。ほのかの場合も、早朝に活動が活発な時間帯があるようだ。こうした彼女の生活パターンを把握しながら、それに合わせた工夫を行うべく、色々と取り組んでいる。

それからこのほのかプロジェクトには動物園職員以外の方も関わっていて、ほのかを通して様々な人のつながりができている。今年も動物園に来た実習生たちとは野生のツキノワグマが食べる植物を植えたり、フィーダーを作ったりした。アルバイトのみなさんには行動観察をしてもらっているし、情報分野の研究者の方には行動の自動解析システムを開発していただいている。来園者の皆さんと一緒に植物園からの剪定枝を使って小さな森を作るイベントなどを行ったり、環境エンリッチメントを考えて実施する、「どうぶつしあわせプロジェクト」という名前のイベントも行っている。ツキノワグマとはいかなる動物かをそんな方々と一緒にほのかに教えてもらっている。

（山梨裕美）

ふれあいの葛藤

日本の動物園には、こども動物園というエリアが設けられていることが多く、ヤギやテンジクネズミなど家畜化された動物たちとの「ふれあい」がよく行われている。京都市動物園でも〈おとぎの国〉というエリアで、カイウサギとテンジクネズミを対象として、ふれあいが行われている（第1章23ページ参照）。実際に動物に触れるということもあり、お客様にはとても人気がある。

写真1

写真2

最近、「動物福祉」という考え方が広がってきたことで、国内の動物園では動物の負担軽減などを目的に、ふれあいの方法を見直す園も出てきた。しかし、ふれあいをしている動物側に与える影響を実際に調査した研究は少なく、当園でも行ったことがなかった。

2018年8月から、カイウサギとテンジクネズミのふれあいによるストレス軽減を目的に、当園でも土日祝日のふれあい方法を変更することにした。今まではお客様が「動物を胸に抱く」という方法をとっていた（写真1）。この方法だと、動物は自由に身動きが取れず、また受け渡しの際に宙に浮くような姿勢になるなど、動物にとって負担が大きいと感じていた。そこで、かごに動物を入れ、お客様が「背中をなでる」方法に変更した（写真2）。この方法なら、動物はある程度自由に身動きができ、また人に触られている時間も短くなるなど、負担を減らせるのではないかと期待した。

そして、この機会に、ふれあい方法の変更前後で動物が受けるストレスレベルを調査してみることにした。本当はカイウサギとテンジクネズミの両方のストレスを調査したかったが、時間等の制約があり、今回はテンジクネズミだけを対象に

テンジクネズミのストレス評価のために唾液を採取しているところ。

した。ストレスレベルは、当園の研究者や動物のストレスについて研究を行っている大学の先生に相談し、唾液中のストレスホルモンを調査した。唾液中のストレスホルモンは、比較的短時間のストレスレベルを反映するので、ふれあいという出来事前後のストレスレベルを調査しやすいからだ。唾液は、10頭のテンジクネズミの、ふれあいをする直前、20分間のふれあいの後、そして結果を比較するために、まったくふれあいをしなかった日に、ふれあいをした日と同様のタイミングで採取した。サンプルの採取は、テンジクネズミの口に綿棒を1分程入れるという方法で行った。

「動物を胸に抱く」方法、「背中をなでる」方法、まったくふれあいをしていない日のストレスレベルを比べてみた。ふれあいをしていない日に比べると、どちらの方法もストレス指標の値が高いのだが、2種類の方法の間にはまったく違いが見られなかった。今回のふれあい方法の変更で、動物のストレスを少しでも軽減できると考えたのだが、調査結果は何も変わらないというものだった。また、ふれあいをしていない日でもサンプルの採取時よりも、その後のタイミングでストレスレベルが高いということが分かった。これはふれあいを行っている時の状況に合わせて、行っていない日も調査のために、仲間から離して一頭にしたことなどが影響しているのではないかと考えられる。

今回の変更では、ふれあいをしている動物の負担を小さくすることはできなかったかもしれないが、調べて分かることも多くあると感じた。ふれあいは、人にとってとても楽しいものだが、楽しいだけでなくたくさんのことを学ぶ場になって欲しいとも思う。これからも動物に優しく、学びの場としても有意義なふれあいの方法を模索していきたいと感じている。

（島田かなえ）

5　これからを見据えて
――生まれてから死ぬまで動物の暮らしをサポートする――

動物福祉への関心はますます高まっており、最近ではことあるごとに「動物福祉」と言うのを聞くようになった。世界動物園水族館協会からも喫緊の課題として2023年までにすべての動物園において福祉評価を完了することを求められている。そのためかつては現場での奮闘がメインだった環境エンリッチメント・動物福祉の取り組みも、組織的に取り組むべきものというような流れになりつつある。日本動物園水族館協会でも、倫理規定を定めたり、動物種ごとに飼育ガイドラインを策定したり、福祉評価の手法を検討するなど色々なことが行われている。

かつては人々が楽しむために、野生動物を捕獲することに対する問題意識は今よりも低かったのだろう。動物園にたくさん野生動物が暮らしているのはその時代の名残でもある。しかし動物の生態や認知能力などに関する理解が進み、また野生動物が数を減らし、生息環境が破壊されゆく現代において人間が楽しむためにのみ野生動物を飼育する是非が問われる時代になっている。

その中で動物福祉への配慮は動物園の最低限の責任とも言えるのだろう。動物福祉は京都市動物園においてもひとつの大きな課題であり続けるのは間違いない。

一部の野生復帰を目指した個体や、怪我などでレスキューされた野生由来の個体を除いて動物園の動物のほとんどは、生まれてから死ぬまで、動物園で暮らし続ける。それぞれの成長段階・加齢段階において、その必要性に合わせたサポートが必要となる。野生本来の暮らしがわかっていない動物も多いので、これからも京都市動物園では、動物たちのことを調べながら、とりうる手段を模索していくということになるだろう。また、動物種によっては野生よりも長生きしたり、野生では生き残るのが難しいであろう障害を持った動物も暮らすことになる。なのでそれぞれの個体に合わせた視点と動物種として持つ特性への配慮のバランスを取りながら進めていく必要がある。

さて、この章では、動物園の動物たちが住みやすくするために、既存の環境の中でどのようにやっているのかということを主にお話してきた。しかし動物福祉への配慮はそれだけではない。動物をどのように入手し、繁殖させ、動物の移動計画を立て、限られた予算やスペースをどのように有効活用していくのかといったことも常に考えていかなければならない。

特に動物福祉の観点から、京都市動物園の絶対的なスペースの不足には常に悩んでいて、ニーズを満たしきれない動物たちに申し訳なく感じる。狭い中でできる工夫はどうしても限られてしまうからだ。既存の環境の中でどれだけ工夫をしたとしても、動物にとって適切な環境が提供できない種もいる。なので、今後は施設の改修やどの動物種を飼育するかを再検討すること（コレクションプランの見直し）など、様々なことが必要になっていくだろう。もっと抜本的な何かをしなければならないかもしれない。どちらにせよ人と動物の双方にかかるコストと得られる利益の間のにらめっこだし、動物園の中だけで決められることではないので時間がかかる（実は動物園内でそうしたいと思ったとしても実現できないことが多い）。

ただし、動物福祉の観点からすると、動物種を減らすことと種の変更は必須になってくる。約120種というのはこの規模の動物園には多すぎる。たとえば京都市動物園では、2019年9月時点で国内最高齢のライオンのナイル（25歳）が暮らしているが*、ライオンは彼の後には飼育しないという方針を決めた。ライオンは本来1頭のオスと複数のメスを基本とした群れで暮らす動物だ。京都市動物園ではそうした群れを維持することが難しいということが理由である。動物たちがそれぞれの性質を発揮して生き生きと暮らせることが動物園の前提なので、現在動物園にいる動物たちについては責任を持ったうえで、動物種によってはライオンと同様の判断をしていくことになるだろう。

なお京都市動物園では動物福祉の指針を策定している。環境エンリッチメントからコレクションプラン、動物の入手など、多角的な配慮が必要な動物福祉に関わる様々な事項について、判断をくだしていくうえでの土台とするためのものだ。動物と人にとってよいバランスをさぐるために、動物園の内外の皆さんと考え方

*ナイルは2020年1月31日に息を引き取った。

を共有しながら、更新していければと思う。

動物園は常に変化している。そこに実際に集まる人によっても、まったく関係ない第三者の考え方にも影響を受けながら、期待される役割が時代によって変わっていく。そもそも動物園はいらないと感じる人がほとんどになったら存在しなくなるだろう。動物園は、その時代ごとに人がどのように動物のことを見ているのかということを知ることができる場所とも言えるのかもしれない。「動物園」と名の付く場所も多種多様で一概には言えない部分もあるけれども、現代の動物園の世界的な潮流を見るに、動物福祉への配慮は動物園の前提であり、必須の事項だ。これは欧米だけではなくアジアの主要な動物園などでも同じ流れになっている。動物園における保全・教育・レクリエーションを考えても、動物福祉が基盤となる。さて、京都市動物園はどのように変化していくのか。動物たちにどのような環境を提供できるのか、これからが正念場だ。

（山梨裕美）

ヒトと動物の間に絆は生まれるのだろうか？

これまで飼育員として草食動物、肉食動物、霊長類、鳥類など様々な動物を担当して33年が経過したが、担当動物と心が通い合ったと実感したことはほんの数回しかない。しかし、亡くなる直前の数日間に治療を行ったゴリラとの出来事は、いまでも鮮烈に記憶に残っている。

雄ゴリラのゴンは札幌市円山（まるやま）動物園から繁殖のための貸借契約（ブリーディングローン）により、

京都市動物園に婿入りしてきた。当時、当園ではヒロミとゲンキの2頭の雌を飼育しており、交尾も見られていたのだが、残念ながら子宝には恵まれなかった。ゴンは来園当初から蓄膿症（副鼻腔炎）を患っており、時折黄色っぽい鼻汁を流すことがあったため、抗生剤の投薬を行っていた。そして、来園より4年が経過したころから、徐々にゴンの容態が悪化していった。抗生剤の投薬は毎日となり、左眼下と下顎の傷口からは膿が排出するようになっていたため、その傷口に消毒液を注入して洗浄する治療も始まった。この治療は、動物と担当者の信頼関係が築けていないととても難しいことであったのだが、ゴンと私は気が合ったのか、特に怒ることもなく、静かに治療を受け入れてくれた。しかし、治療の甲斐なく頬に溜まった膿は眼の下から頭蓋骨を溶かし、頭頂部に溜まるようになっていった。それに伴って、ゴンは激しい頭痛に見舞われている様子だった。ある日、治療の時に檻の中に手を入れ、その腫れあがった頭頂部を力一杯押してみた。すると傷口から大量の膿が流れ出した。膿を絞り尽くすとゴンはすっきりした表情に変わり、餌をよく食べるようになった。この日から排膿させることが日課になったのだが、症状は悪くなる一方だった。ゴンは患部を押されることがかなり痛い様子だったが、私の手を払う寸前で自分の手を止め、我慢してくれていた。おそらく患部を押される時の痛みを我慢すると、一時的でも頭痛が和らぐことを理解してくれたのだろう。

目ヤニと排膿が目立つようになってきた頃のゴン。

その後、ますます症状は悪化したため、麻酔をかけて治療を行った。しかし、元気を取り戻すことはなく、翌日の朝には息を引き取っているかもしれないという容体に陥り、重苦しい足取りで帰路についた。翌朝ゴリラ舎へ行き、崩れ落ちているゴンの姿を想像しながら扉を開けた。すると昨日までが嘘だったと思えるほど晴れやかな表情で座っているゴンの姿がそこにあった。慌ててそばに駆け寄り、挨拶をするとゴンも元気だった時のように返事を返してくれた。リスクを押してまで麻酔をかけて治療を行ったことが功を奏したのだと心躍る思いだった。しかし、ゴンは挨拶をしてくれた2、3分後に、檻をつかんでいた手を放して横になってしまった。意識ははっきりとしており目もしっかりと開いていたので、飲み物とブドウを与えてみると、ここ数日飲み物すらとることができなかったゴンがゴクゴクと飲み、ブドウを3粒ほど食べてくれた。これで少し回復に向かうかもしれないと、事務所へ戻り報告を行い再びゴンの元に戻ると、そこには目を閉じ体を横たえているゴンの姿があった。急いで体を揺すってみても全く反応はなかった。その後、獣医師により死亡が確認された。その時の私はゴンの死が全く理解できず、放心状態だったのだが、後で思い起こしてみると、元気に見えたあの行動は、最後の力を振り絞り、いつもの表情で別れの挨拶をしてくれたのではないかと思えた。あの朝、とても座る体力も残っていなかったはずなのだが、檻に捕まり、挨拶を返し、飲食を行った瞬間に力が尽きたのだろう。これほどまでに担当した動物との絆を感じたことは今までにない。

もし、ヒトと動物に絆は生まれるのかと問われると、私は迷わず「イエス」と答えるだろう。なぜなら、私の心の中にあの朝の元気なゴンの姿が今でも焼き付いているからだ。

（長尾充徳）

第3章

研究する動物園

1　動物園で研究!?ってどういうこと？

動物園は何のために存在するか。動物園の役割とは何か。そんなことを機会をいただくたびに話している。公益社団法人日本動物園水族館協会（ＪＡＺＡ）はそのホームページに、動物園・水族館の４つの役割を記している。第一に、種の保存（野生で絶滅の危機に瀕している動物種を、飼育下（＝動物園・水族館）での繁殖を通じて種として保存すること）、そして教育・環境教育、調査・研究、レクリエーションの順だ。

本章は、京都市動物園で行っている「研究」の一部を紹介する。もちろんこれらだけではない。そもそも、動物園で、野生動物を飼育することは、未知への挑戦だった。動物のオスとメスを一緒に飼っていると、自然と子どもが生まれると、素朴に信じている人がいるかもしれない。実際はそんなことは全然なくて、動物園の歴史は、試行錯誤の歴史と言ってもよいほど、野生から動物を連れてきては死なせるということを続けてきた。その結果、前記のようなナイーブな考え方は全く通用しないことを知ることになる。動物はそれぞれの種によって生きる環境が異なり、異なる生活史を送る。どんなものを食べるのか、どんな温度や湿度の環境で生活するのか、どんな社会を作っているのか、どのように成長、発達し、どのような求愛をして繁殖に至るのか。これらのことが、野生での動物の調査に加えて、動物園での飼育の記録から徐々に明らかになっていった。動物園の歴史の初期には、たまたま運よく生き残った動物が、たまたま繁殖に成功することがあった。運よく子孫を残すことができたら、そのことを記録に残すことで皆が共有し、他の動物園でも真似をすることができた。また調査によって野生での生態が明らかになるにつれ、繁殖に成功した動物園の飼育方法の、何がよかったのかが明らかになっていき、徐々にその動物についての知見が蓄積されていく。このような努力が積み重ねられていき、今では、さまざまな動物種ごとに、どのように飼育すべきか、ガイドラインが作られ始めている（欧米の動物園ではすでに種ごとにガイドラインがかなり整備されているので、日本ははるかに遅れてしまっているのだけれど）。

このように、動物園で動物を飼育することとは、調査・研究とは切り離せない。今や多くの知識・技術が普及し、それらをベースにしてさらに高度な研究が行われようとしている。動物園にいる動物の調査や研究は、大学やその他の研究機関だけで行われているわけではない。最近は、研究機関と動物園との共同研究の形で、さまざまな分野で、いろいろな動物についての研究が進められている。京都市動物園では、生き物・学び・研究センターが、研究機関からの共同研究の依頼を受け付け、内容を審査し、承認したものを実施しているが、それだけでもない。

生き物・学び・研究センターには研究者が自らのテーマをもって、進めている研究もある。本章では、京都市動物園の研究員が行っている研究のうち、2つの例を紹介する。ひとつは、①近年の発展が急速なゲノム解析技術を駆使して、動物園で種として動物を維持するための条件を解析しようとするもの。もうひとつは、②障害をもったチンパンジーとその周りの個体たちの行動を調査することを通じて、彼らの行動の特性を明らかにしようとするものである。動物の研究といっても実に多様である。本章を通じて京都市動物園での研究の多様性を知っていただければ幸いである。

（田中正之）

2 希少種の保全と分子遺伝学

生物多様性（バイオダイバーシティー）とは

京都市動物園で行っている研究についてこれから紹介していくが、まずは、皆さんもどこかで耳にしたことがあるだろう〈生物多様性〉の話から始めることにしよう。

生物多様性とは文字のとおり生物に関する多様性のことであるが、世界では3つの種類（階層）の多様性が話されている。①生態系の多様性、②種の多様性、

③遺伝子の多様性だ。
①生態系の多様性は森林、草原、川、池や沼などさまざまな種類の自然環境があること。
②種の多様性は、さまざまな種が生息・生育していること。
③遺伝子の多様性は、同じ種の中にも、形や模様など遺伝子による違いがあることである。

京都市動物園では、主に遺伝子の多様性（遺伝的多様性）について、調査している。

遺伝的多様性がなぜ必要か？

地球上の多くの動物は遺伝子を一対で持っている、これは父親からひとつ、母親からひとつ受け継いでいるからだ。ひとりの子どもに引き継ぐのはどちらかひとつ。例えば、毛色に関係している遺伝子について、父親は毛色が茶色でAとAという遺伝子対を持ち（AA）、母親は毛色が白色でaとaという遺伝子対を持つ場合（aa）、その子どもは父親からA、母親からaを引き継いで、Aとaという遺伝子対をもつことになる（Aa）。この時、子どもの毛色が茶色の場合、Aが顕性（優性）、aが潜性（劣性）となる。AAやaaという表現を遺伝子型と呼び、茶色や白色など遺伝子型によって動物の姿かたちに現れる形質（生

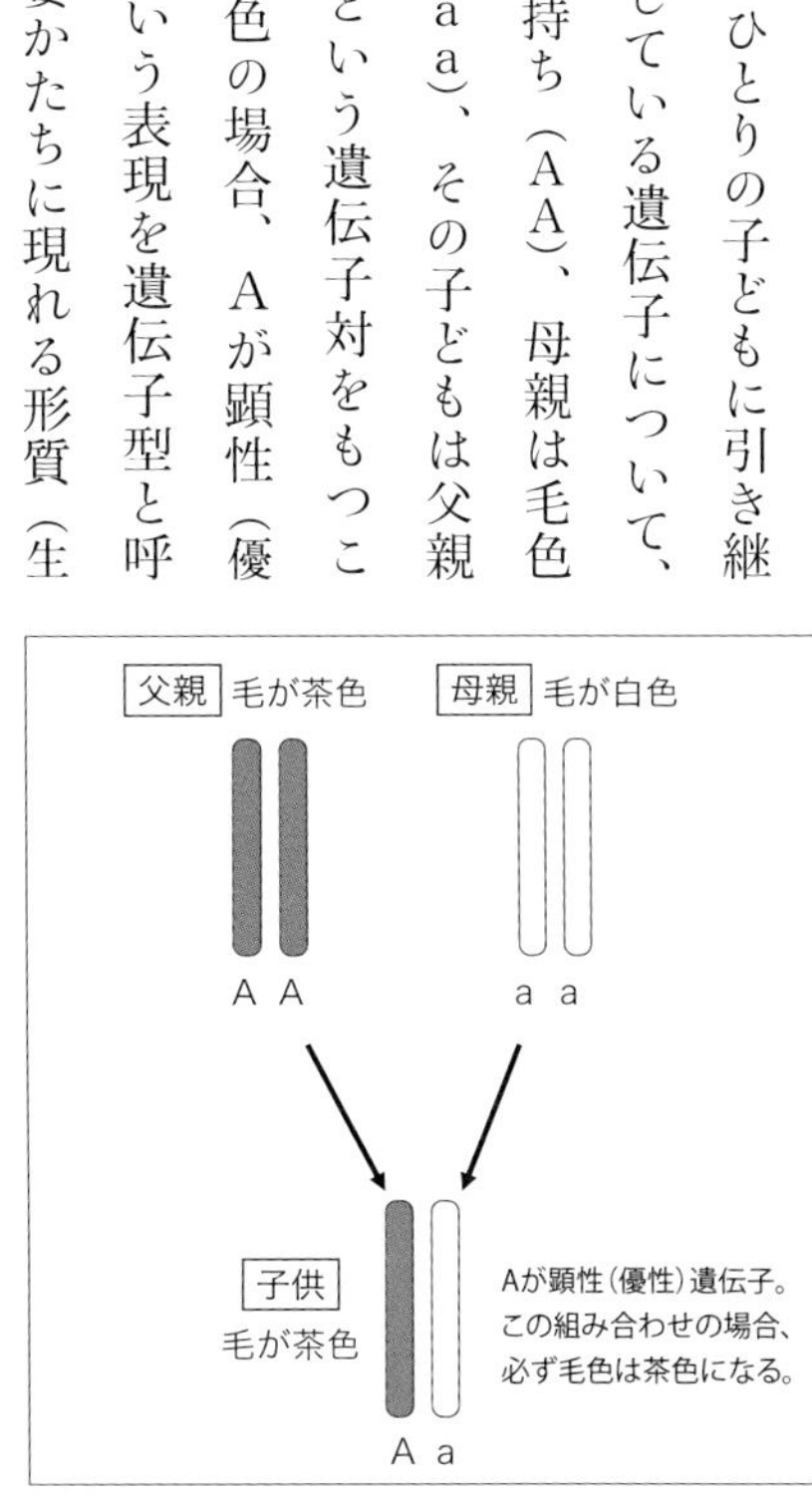

物の形や性質についての特徴のこと）を表現型という。また、ＡＡやａａのように同じ遺伝子を持つタイプをホモ型といい、Ａａのように異なる遺伝子を持つタイプをヘテロ型という。

遺伝子が関連する形質の中には、動物にとって、生存に有利なものもあるが、反対に有害なものもある。有害な形質に関連する遺伝子（有害遺伝子）の多くは潜性（劣性）遺伝子なので、ヘテロ型では形質は表現型に現れないが、ホモ型になると有害な形質が現れる。遺伝的多様性が低下すると、集団内に似たような遺伝子構成を持つ個体の割合が増加することになる。遺伝子構成が似たような個体が多くなると、同じ有害遺伝子をヘテロ型で持つ個体が増え、それらの個体の組み合わせでは、子孫に有害な形質があらわれる可能性が高くなる。有害な形質は生存に不利なため、集団の個体数は減少してしまう。

遺伝子の中には、免疫に関連しているものもある。免疫に関連している遺伝子は、様々な細菌やウイルスから体を守るために働く。免疫に関連する遺伝子は、最も多様性に富んだ遺伝子である。この遺伝子の多様性が減少し、Ａという病気に対して抵抗性が低い個体が増えてしまうと、Ａという病気が流行したときに、その集団の多くが発症してしまい、その病気の致死性が高いものならば、その集団の個体数が減ってしまうことになる。

また、気温への適応について、高温に強いが低温環境には弱い、逆に高温には弱いが低温環境には強いといった特徴がどちらかに偏ってしまった場合、環境が変化したときに生存に不利な個体が増えてしまう。結果として、個体数が減る確率が高まる。

　このように遺伝的多様性の低下は、有害遺伝子が蓄積したり、環境への適応力が低下したりすることにつながり、その結果として個体数が減少する確率が高まる。個体数が減少すると、近親交配が増加し、さらに遺伝的多様性が減少する。このように、【遺伝的多様性の減少】→【有害遺伝子の蓄積、適応力の低下】→【個体数の減少】→【近親交配の増加】→【遺伝的多様性の減少】→……という循環に陥ってしまうことがあり、種の絶滅を加速していくことを「絶滅の渦」と表現されることがある。

　ある個体がAという遺伝子についてⅠとⅡというタイプを持っているとする。子どもがⅠを受け継ぐ確率（Ⅱが受け継がれない確率）は2分の1である。2頭生んだ場合、Ⅱが子どもに受け継がれない確率は4分の1である。子どもの数が多くなるにつれ、Ⅱが受け継がれない確率は小さくなる。集団でも同じように、個体数が多いと、多様な遺伝子のタイプが集団内に受け継がれていくが、逆に個体数が少ないと受け継ぐタイプが偏ってしまう可能性が高くなる。これが子世代、孫世代と繁殖が進んでいくと、特定の遺伝子のタイプが集団からなくなってしまい、集団の遺伝的多様性は少なくなってしまうことになる。このように多様性が

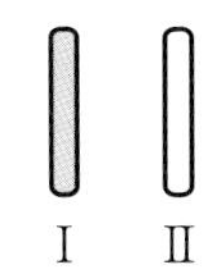

親の遺伝子
どちらか1つが子に受け継がれる

① **子どもが1頭のとき**、Ⅱが受け継がれない確率は1/2

② **子どもが2頭のとき**、
子どもが受け継ぐ遺伝子の組み合わせ

1頭め	2頭め
Ⅰ	Ⅰ ＊
Ⅰ	Ⅱ
Ⅱ	Ⅰ
Ⅱ	Ⅱ

4通りのうちⅡが子どもに受け継がれないのは＊の組み合わせのみ
→ 確率1/4

偏る現象を遺伝的浮動という。

動物園では十分に多くの頭数を飼うことができないため、その個体群のサイズは、多くの種で小さく、遺伝的浮動の影響を受けやすい。これは、「絶滅の渦」に陥る危険が常にあると考えられるため、動物園では遺伝的な管理が重要な課題となっている。今や、動物園で子どもが生まれたからめでたい、といえるほど気楽な現場ではなくなっているのである。

集団遺伝学

国際自然保護連合（ＩＵＣＮ）* のレッドリスト** では哺乳類の25％、鳥類の14％、両生類の40％の種を、絶滅の危機にある種（絶滅危惧種）として分類している。動物園の重要な役割のひとつに「種の保存」があるが、絶滅危惧種を飼育・保存することは動物園の存在意義となっている。実際に、動物園ではゴリラやゾウなどの絶滅危惧種を飼育し、繁殖を進めることで種の保存に取り組んでいる。

動物園の飼育スペースや運営費用には限りがあるため、ひとつの動物園で飼育・繁殖できる種には限りがある。それぞれの動物園で、どの動物を収集・展示・繁殖していくかは、各園の方針によって決められる。この動物の選定、分類、管理する計画をコレクションプランと呼ぶ。動物を選定するうえで、絶滅危惧種であるかどうかは重要な指標のひとつである。

日本の多くの動物園が加盟する公益社団法人日本動物園水族館協会（ＪＡＺＡ）

＊国際自然保護連合
(International Union for Conservation of Nature and Natural Resources; IUCN)

＊＊レッドリスト：絶滅のおそれのある野生生物の種のリスト。国際的にはIUCNが作成しており、国内の動植物については環境省や都道府県などが作成している。

では、保全上の必要性、教育的価値、学術的価値、展示効果その他の指標に基づき、国内の動物園で継続的に飼育管理することが必要もしくは望ましい種を選定し、ＪＡＺＡコレクションプラン（ＪＣＰ）を策定している。

ＪＣＰでは下記の４つのカテゴリーに分類している。

これらのカテゴリーの中で管理種と登録種については、飼育するすべての個体について、血統登録が行われている。血統登録台帳（Studbook）には、個体の出生日や愛称などの情報だけでなく、両親や移動の情報などが記載されている。管理種では、血統登録台帳の情報をもとに、遺伝的多様性をできるだけ維持できるように、動物の移動や繁殖ペアの組み合わせ（ペアリング）などの繁殖計画が作成されている。

血統登録が必要な種は、２０１９年時点で１６７種と多いため、国内の動物園で血統登録を分担しており、京都市動物園ではグレビーシマウマとホウシャガメの２種類を担当している。動物園における遺伝的多様性に関する目標として、野生から最初に飼育下に移行した個体（創始者個体）が持っていた遺伝的多様性を１００年後に90%保持することとしている。血統登録担当者は血統登録管理ソフトウェアを駆使し、この目標を達成するために繁殖計画を作成している。

血統登録管理ソフトウェアを使えば、集団内で血縁関係の少ない順番に個

JCPの４つのカテゴリー

1．管理種 JSMP：JAZA Species Management Program	2．登録種 JSB：JAZA Studbook	3．維持種	4．調査種
ニシゴリラ、アジアゾウなど93種	ヤブイヌ、ジャガーなど74種	ワオキツネザル、コフラミンゴなど118種	アカショウビンなど25種
遺伝的多様性を維持しつつ、安定した個体群動態となるよう飼育下個体群を適切に管理すべき種	個体識別に基づく管理が可能な種であって、個体情報の登録により個体群動態等を把握する必要があると認められる種	展示種としての継続的確保のために、飼育個体数等の変動状況を把握する必要がある種	当該種の入手経路、飼育繁殖技術等の調査、研究、情報収集を行う種

体が並べられ、繁殖の優先度がすぐにわかる。また、ペアリングしたときに、遺伝的多様性をどの程度減少させるかが表示され、ペアリングの推奨度も6段階で表示してくれる。

計画管理者は、繁殖優先度やペアリングの推奨度をもとに、繁殖計画を作成すればいいのだが、繁殖優先度の高い個体が、死亡したり、繁殖がうまくいかなかったりすることもあり、計画よりも遺伝的多様性は減少してしまうことが多い。また、国内の飼育頭数が50頭にも満たない種も多いため、「100年後に90%」という目標はかなり理想的な数値で、実際には多くの種で実現が難しい。

チーターと遺伝的多様性

野生動物における、遺伝的多様性の重要性について、最初に大きな話題になったのは1985年に発表されたチーターに関する報告だった。チーターでは、血縁関係にない個体同士での皮膚移植で拒絶反応が起こらないというのである。

ヒトにおいて白血病患者への骨髄移植の際、ドナー（骨髄提供者）とレシピエント（骨髄受領者）間で、白血球型抗原（HLA型）が一致しないと、拒絶反応が起こってしまう。このHLAが一致する可能性は、同父母の兄弟姉妹間で25%、血縁関係にない人の間では数万分の1以下の可能性だといわれる。このことは、ヒト以外の動物でも同様だ。

つまり、チーターでは免疫に関する遺伝子（MHC）の一致する可能性がヒトの兄弟姉妹間よりも高いほどに、遺伝的多様性が消失しているのである。また、チーターでは、野生でも飼育下でも、乳幼児死亡率が高かったり、精子の異常が多かったりすることも、遺伝的多様性の低下と関連していると報告されている。

チーターは、過去に個体数が激減し、そこから個体数を再び増加させたと考えられている。個体数が減少すると、遺伝的多様性も減少する。その後、個体数が回復しても、個体数減少後の集団が持つ遺伝的多様性は、個体数減少前の集団と比較し低いものとなる。これをボトルネック効果*という。チーターはボトルネック効果により遺伝的多様性が消失したと考えられている。

ボトルネック効果と同様に、集団のごく一部のみが隔離され、その一部から集団が大きくなった場合も、最初に隔離された少数の個体の遺伝子型を持つ個体から構成される集団が形成されるため、隔離前の集団とは遺伝子構成の異なった、多様性の低い集団が形成される（これは創始者効果と呼ばれる）。動物園で飼育される動物は、野生集団の一部の個体から繁殖し、形成された集団であるため、野生集団と比較し、遺伝的多様性が低い種が多いと考えられる。

（伊藤英之）

*ボトルネックとは英語でビンの首の部分のこと。ビンの首が狭くなっていることから「ボトルネック」は、社会・自然の様々な現象を説明するときのモデルとして、よく利用される。

DNAを調べる

保全遺伝学とは、遺伝学的手法を生物多様性の保全に応用することを目的とした学術分野である。ＤＮＡを調べることにより、個体識別、血縁関係や遺伝的多様性など、様々な情報を得ることができる。ＤＮＡを調べれば、動物の遺伝情報だけではなく、腸内細菌や、食べ物の種類もわかる。DNAは糞(ふん)や羽からも抽出できるため、観察の難しい野生動物の研究にはとても有用である。また動物園のような飼育下でも、体毛や糞からDNAが取れるということは、動物に負担をかけないという動物福祉の観点からも有用である。

グレビーシマウマの保全に向けて

グレビーシマウマ*は、ケニアとエチオピアの一部の地域にのみ生息している。野生のウマ科動物の中で最も大きく、縞の間隔が狭いのが特徴だ。近年の調査によれば、野生の個体数は２８００頭程度で、アフリカの草食動物で最も数を減らした動物のひとつと言われている。しかし、飼育下ではヨーロッパ・アメリカを中心に約５００頭が飼育されており、個体群管理がしっかりされている種である。血統登録上の遺伝的管理もしっかりされている。しかし、すでに野生での個体数は少なく、実際にはどの程度の遺伝的多様性を保てているのだろうか？

我々は、グレビーシマウマのDNAを調べ、遺伝的多様性を評価するためのマイクロサテライトという遺伝子上の目印を開発した。開発したマイクロサテライトを用いて、グレビーシマウマと、もうひとつのシマウマの種であるハートマンヤマシマウマの遺伝的多様性を解析した。

グレビーシマウマとハートマンヤマシマウマの飼育下個体群について、血統登録台帳に記された情報から遺伝的多様性を比較すると、グレビーシマウマの方が

＊日本国内では20頭程度しか飼育されておらず、日本国内だけでは近親交配を避けられない。本種は京都市動物園が血統登録を担当しているが、国内の飼育個体は近親交配になる組み合わせがほとんどで、海外からの新しい個体の導入がなければ、１０年後に90％以上の遺伝的多様性を維持するのは、どんなにがんばっても不可能である。

高い。それに対して、ミトコンドリアDNA上の2つの遺伝子を調べた遺伝的多様性（ハプロ多様度）は、ハートマンヤマシマウマの方が高かった。血統登録ではより良い状態で管理されているグレビーシマウマの方が、ハートマンヤマシマウマよりも、遺伝子解析では遺伝的多様性がかなり低かったのだ。

血統登録上は十分に遺伝的多様性が保たれていても、創始者個体が持つ遺伝的多様性によっては、遺伝的多様性が低い場合がありうる。特に野生での生息数が少ない、あるいは過去に「ボトルネック」を受けた集団では、血統登録と遺伝子解析の乖（かい）離（り）は大きくなるだろう。そのため、今後、従来の血統登録に加えて、動

ハートマンヤマシマウマ

サバンナシマウマ

グレビーシマウマ

【シマウマ】
シマウマは白黒のしま模様をもつウマの仲間で、グレビーシマウマ、サバンナシマウマ、ヤマシマウマの3種がいる。
サバンナシマウマはアフリカ大陸の南部から中部に数十万頭生息し、動物園でも最もよく飼育されている種である。
ヤマシマウマはアフリカ南部に2～3万頭しか生息しておらず、絶滅危惧種である。ハートマンヤマシマウマとケープヤマシマウマの2亜種があり、日本の動物園ではハートマンヤマシマウマが10頭程度飼育されているのみである。

物園での個体群管理には遺伝子解析を行うことが多くなると思われる。

ツシマヤマネコの遺伝的多様性はどの程度?

ツシマヤマネコは、ユーラシア大陸に生息するベンガルヤマネコの亜種であるアムールヤマネコの地域集団である。長崎県の対馬(つしま)にのみ生息し、アムールヤマネコの生息するほかの地域とは、海で隔離されている。ツシマヤマネコは、日本の希少種保全のシンボリックな動物であるため、多くの研究が行われ、遺伝的な研究も行われている。これらの研究から、個体数の少ないツシマヤマネコは、やはり遺伝的多様性が低いことがわかっている。これまでの研究は、母親からのみ受け継がれる遺伝子であるミトコンドリアDNAや、他のネコ科動物で開発されたマイクロサテライトなどを用いての研究だった。

しかし、ベンガルヤマネコにおいても核DNAの解析が行われ、マイクロサテライトが作られた。韓国に生息するアムールヤマネコにおいて、マイクロサテライトを用いた解析が行われている。我々は、このマイクロサテライトを用いてツシマヤマネコの遺伝的多様性を解析した。その結果、韓国の個体群と比較して、多様性が著しく低いことが分かった。野生のツシマヤマネコにおいても、遺伝的多様性が低いということは、少ない数の野生由来個体から形成された飼育集団は、さらに遺伝的多様性が少ないということになる。

ツシマヤマネコは、環境省とJAZA、大学等の研究機関が協力して野生へ

ツシマヤマネコ

の再導入を目指している種である。飼育個体群を維持しつつ、野生で少ない遺伝子構成を持った個体の繁殖を優先するなど、動物園での遺伝管理は他の種よりも重要である。

（伊藤英之）

3 野生個体の保全のための技術

動物園で飼育される動物の利点

希少動物を保全するために、年齢や性別などの個体情報はとても重要だ。しかし、外見から年齢や性別がわかりにくい種も多い。動物園で飼育されている個体は、年齢や性別が明らかである。このため、飼育個体を用いて、性別や年齢を特定する方法を開発することができる。その研究例を紹介しよう。

性別を明らかにする

動物園では雌雄の判別は動物を管理する上で極めて重要だ。そのための遺伝子検査が行われる最たるものは、鳥類の性判別だろう。ニワトリやクジャクなどのキジ目、オシドリやマガモなどのカモ目などはオスが派手な外見を持ち、メスは茶色の地味な外見をしているため、雌雄の判別は容易である。*

しかし、フンボルトペンギンなどのペンギンの仲間、コンゴウインコなどの

＊このように雌雄の外見の形態の違いを性的二型という。

オウム・インコの仲間では、性的二型が小さく、外見から雌雄の判別が困難だ。他にも、フラミンゴや猛禽類なども、幼鳥から若鳥の段階では性的二型は小さい。実に鳥類の半分以上の種では、外見から雌雄の判別が困難であるといわれている。実際、フンボルトペンギンにおいて、他園からオスを導入したのに、実はメスだったり、毎年産卵しているのに孵化しないペアがメス同士だったりしたことがある。

鳥類や哺乳類の性別は、遺伝によって決まる。哺乳類ではオスがX染色体とY染色体をもち、メスはX染色体を2本もっており、Y染色体の有無により性別が決定するため、Y染色体上の遺伝子配列の有無で性別を判定する。鳥類では、オスはZ染色体を2本持つのに対し、メスはZ染色体とW染色体を1本ずつ持っている。しかし、鳥類ではW染色体の有無が性別を決定しているのか、Z染色体を2本持つことが性別を決定しているのかはまだ明らかになっていないが、W染色体上の遺伝子配列の有無で性別を判別している。

種判別・亜種判別

・グレビーシマウマ

遺伝的多様性の研究でも紹介したグレビーシマウマだが、近年、保全上重要な問題がある。野生でグレビーシマウマとサバンナシマウマの生息が重なる地域で、両者の交雑個体が生まれているという報告があるのだ。一般に、異なる種間の雑

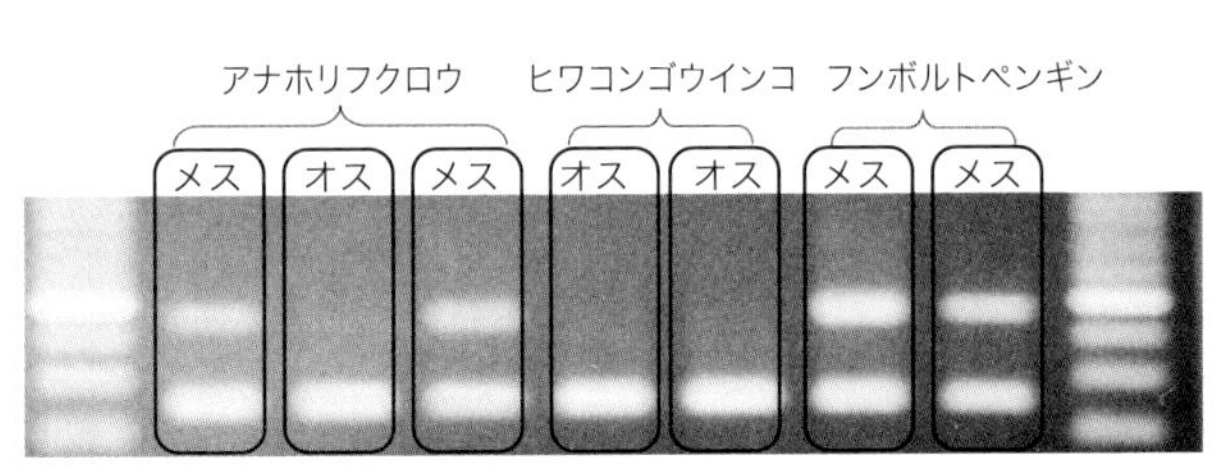

遺伝子検査の結果、２本のバンド（線）が確認できる場合がメス、１本のバンドの場合はオスとなる。

種は繁殖能力がないことが多いため、交雑個体の子孫は残らない。しかし、グレビーシマウマとサバンナシマウマの交雑個体には、繁殖能力のある個体が確認されており、グレビーシマウマの保全に問題となる可能性がある。

グレビーシマウマはサバンナシマウマよりもかなり大きいため、サバンナシマウマの雄が、グレビーシマウマの雄に勝つのは困難だと考えられる。そのため交雑は、グレビーシマウマの雄とサバンナシマウマの雌の間で確認されている。生まれた交雑個体は、母親のサバンナシマウマの群れで生育することになり、グレビーシマウマの集団の中にサバンナシマウマの遺伝子を持った個体はまだ入っていなさそうだ。種間の交雑は、進化の一過程ととらえることもできるが、種としてのグレビーシマウマの保全を考えた時には、交雑個体をしっかりとモニタリングすることが重要になる。これらの交雑個体を見つけるのにも遺伝子解析は有用だ。

グレビーシマウマの遺伝的多様性解析に用いたマイクロサテライトを用いると、理論的には、グレビーシマウマ、サバンナシマウマ、グレビーシマウマ×サバンナシマウマの交雑個体（F１）、グレビーシマウマ×F１、サバンナシマウマ×F１、F１×F１を識別が可能なため、両集団内の交雑個体のモニタリングに役立てることができる。

・アカゲザル

アカゲザルはユーラシア大陸の中国南部からインドにかけて広く分布している

フンボルトペンギン

サルで、ニホンザルとは近縁で交雑してしまう。そのため、特定外来生物*に指定されており、現状ではすぐに絶滅が心配されるほど希少な動物ではない。

京都市動物園では、アカゲザルについても遺伝子解析を行っている。なぜかというと、体が大きいからである。アカゲザルの体重は図鑑などでは5–10kgとされているが、当園の個体には10kgを超える個体がたくさんおり、一番大きな個体（愛称：アサタロー）は20kgあった。そのため、アカゲザルより体の大きなチベットマカクとの交雑個体（かその子孫）では？という疑問があったためだ。今後の繁殖計画を立てるために調べてみようということになり、遺伝子解析を行った。結果は、正真正銘、アカゲザルのDNAを持っていた。その時には、とても安堵したことを覚えている。

*特定外来生物：海外から入ってきた動植物で、生態系、人の生命・身体、農林水産業へ被害があるものや被害を引き起こす恐れのある種

チンパンジーの年齢推定

動物の年齢は、動物の生態を調べる上で重要だ。乳獣や幼獣、ヒナや若鳥であれば、外見からおおよその年齢（月齢）を推定することが可能である。しかし、成熟すると外見の変化が少なくなるため、年齢を推定することは難しくなる。

長い間、群れを観察することができれば、その間に生まれた個体の年齢を知ることができる。しかし、チンパンジーやゾウなどの寿命の長い動物では、群れを構成するメンバー全員の年齢を知ろうとすると、とても長い期間の記録の蓄積が必要になる。

本当にアカゲザル!?という疑惑を受けたアサタロー。2018年に25歳で亡くなるまで多くの子を残した。

最近の技術の進歩により、ＤＮＡを調べることで、年齢を推定することが可能になりつつある。ＤＮＡは複製する時に突然変異が起こる可能性はあるが、基本的には赤ん坊のときでも老人になってからでも、同じ個体ならば遺伝子配列は変わらない。そのため、遺伝子配列を調べるだけでは年齢を推定することはできない。

しかし、ＤＮＡの一部は生まれた後（後天的）に変化する。この変化はＤＮＡ配列そのものの変化ではなく、ＤＮＡを構成する分子が化学的に変化するものだ。詳しい説明は省くが、後天的なＤＮＡの変化の代表的なものにＤＮＡメチル化がある。メチル化の影響を受けるＤＮＡの中で、年齢の進行とともにメチル化の割合が増えたり、減ったりする部位があることがわかってきた。年齢に影響を受けるメチル化を調べることによって、年齢推定できるのでは？と、ヒトの法医学分野での応用の可能性が検討されている。我々は、ＤＮＡメチル化を用いて、チンパンジーの年齢推定を試みた。年齢がわかっているチンパンジーのＤＮＡを用いて、ＤＮＡのメチル化を計測したところ、メチル化と年齢の関連性が高い遺伝子をみつけることができ、ＤＮＡから年齢推定が可能となった。今後はより精度の高い年齢推定法や、糞や体毛から抽出したＤＮＡを用いた方法が開発できれば、野生での応用が可能になり、チンパンジーの生態をより深く知ることができるだろう。

（伊藤英之）

まずはどのように暮らしているのかを知ることが大切——キリンの夜の睡眠事情

キリンは夜どのように寝ているのだろうか。動物たちの暮らしはわたしたち動物園職員が帰宅した後も続く。むしろわたしたちがいない時間の方が長い。2007年から2009年にかけて、当時キリンの担当をしていた高木直子が199日分、約2000時間分の夜間撮影された動画を分析した。キヨミズ（オス）とミライ（メス）という2個体のキリンを対象として、座る行動と首を曲げて休息する行動を記録した。これだけの期間、同じ個体の夜間の休息行動を記録した研究はない。

古い時代にはキリンは20分ほどしか寝ないと言われることもあったが、1990年代にオランダの動物園のキリン8個体を対象とした先行研究から、大人のキリンが立ったり座ったりして寝ている合計時間は1日平均で4・6時間程だったと報告されている（脳波などを測定しているわけではないのであくまで行動上から推定した値だ）。

京都市動物園の結果では夜間座って休憩している時間はオス・メスともに7～8時間だった。しかし首を曲げて眠る時間は一日平均で12分ほどしかなかった。つまり全身の筋肉を弛緩させて休んでいる時間はとても短い。そして長期観察だからこそわかったこととして、季節や出産によって休息パターンが変わることだ。冬には、夏と比べて休息を開始する時刻が早くなっていた。

また、この期間ミライは2回の出産を経験したのだが（うち1回目は初産）、両方の出産前後で休息行動が大きく減少していた。特に出産直後にはまったく座らない日もあった。出産直後の様子は野生では観察するのは難しいので、こうした変化を初めて記録できたことになる。そして興味深いことにオスのキヨミズも初めての出産を目の当たりにした日は夜の間中まったく座らなかった。ただでさえわたしたちヒトよりも短い睡眠なのにたいへんだ。

飼育担当者ならではの視点でのこの観察記録をまとめて、2019年12月に論文として出版した。* 動物福祉を考えるにあたってもそれぞれの動物がどのような生き物で、どのように暮らしているのかを把握することが大事な基盤となる。京都市動物園に暮らす動物の中には野生での暮らしについて比較的調査が進んでいる種も、ほとんど調査されていない種もいる。特に生態がほとんどわかっていない種については、調査を続けて動物を理解しようとしながら動物福祉の取り組みを行っていくことが重要になる。

なお、ここに出てきたキヨミズは2017年の3月に17歳で亡くなった。彼のキリンにしては長めの休息行動やメスの出産直後に休息が減ってしまう様子などを記録として見ることで、彼がどんなキリンだったのかが、彼を直接は知ることがない人にも伝わるところがあるかもしれない。（山梨裕美）

* Takagi, N., Saito, M., Ito, H., Tanaka, M., & Yamanashi, Y. (2019). Sleep-related behaviors in zoo-housed giraffes (Giraffa camelopardalis reticulata): Basic characteristics and effects of season and parturition. Zoo Biology, 38(6), 490–497. doi:10.1002/zoo.21511

4　身体障害を伴うチンパンジーの幸せとは？

動物園で研究者として働く

2017年6月、京都市動物園 生き物・学び・研究センターに研究員として働くことになった。京都大学大学院を修了して約1年、博士号を取得して約半年、非常勤研究員をやりながら、これからどうしようか……と思っていた矢先のチャンスだった。私は高校まで動物園で飼育員になりたいと思っていた。しかし大学院で個性的なチンパンジーたちに出会い、研究の道に進もうと決めた。それが憧れていた動物園で、まさか「研究者」として働くことになろうとは思ってもみなかった。

私の研究テーマは「身体障害を伴うチンパンジーの福祉」だ。前述した「個性的なチンパンジー」とは、身体障害という大きな特徴をもつチンパンジーのことだ。大学院時代から現在もほとんどテーマは変わっていない。ただ、京都市動物園にはそのようなチンパンジーは暮らしていない。今までの研究を発展させて、新たな地・京都市動物園という場所を活かした研究をするという選択肢もあったが、同じテーマをやり方を変えながら今も続けている。本稿では、私が大学院で行っていた研究も含めて、身体障害があるチンパンジーに関する研究を紹介する。そこから得られたデータをもとに、彼らの幸せとは何かを考察する。

寝たきりだったチンパンジー

私が大学院に進学した2011年、愛知県犬山市にある京都大学霊長類研究所には、13個体のチンパンジーが暮らしていた。その中に「レオ」という一人の身体障害を伴うオスのチンパンジーがいた。2006年、彼が24歳の時に、急性横断性脊髄炎が原因で首から下が動かなくなり、寝たきりになった。急性期当時を知っている研究所スタッフによれば、治療だけでなく、24時間の介護や監視、ベッドの改良なども続けられたが、体重はどんどん減り、床ずれもひどくなっていった。その様子は倒れてからずっとビデオカメラで記録されていた。そのビデオ記録を見ると、レオもスタッフも壮絶な時間を過ごしていたことがよく分かった。

そんな彼だったが、私が京都大学の大学院に進学した2011年にはブラキエーション（腕の力だけでぶら下がって移動する方法）も床を歩くこともできる状態まで回復していた。急性期を過ぎた後も、床ずれの治療以外に、レオの体をマッサージしたり、入院用ケージのベッドを改良したり、おもちゃやつり革などのつかまるものをたくさんつけたりして、少しでも動きやすいような生活環境を作っていた。このようなスタッフの涙ぐましい努力が実を結んだことになる。

大学院生になりたての私は、レオと彼に対するスタッフの対応に興味をひかれた。まず「寝たきりから起き上がるまでどんな過程を経てきたのだろう?」と単純な疑問をもった。首から下が全然動かなくて、50kg以上あった体重も35kgまで減り、骨まで達するような床ずれもあったのに。そこで、レオが倒れてから記録されているビデオを見直し、体が「寝ている」か「起きている」かを記録した。倒れてから0カ月から41カ月目までのデータを集めてみると、面白い傾向がみられた。初めて体を持ち上げて座ったのが、倒れてから10カ月後。その後徐々に長く座れるようになったのかと思ったら、13カ月後まで起きている割合はずっと0%だった。そして14カ月後には3・0%、15カ月には7・8%と徐々に起きている割合が上がってきた。そして16カ月後には一気に41・6%にまで上がった。データ上は、寝たきりから一気に長く座れるようになっていた。その後は50〜70%の間を維持していたが、倒れてから30カ月後、一畳分くらいしかない小さな入院ケージから広いリハビリ部屋に移動した。すると起きている割合はほぼ90%以上にまで上がった。行動までは分析していなかったが、空間が広がり、ブラキエーションなどの移動ができるようになった分、起きている割合がもう一段上がったのだろう。*

レオが広いリハビリ部屋に引っ越した２００９年、彼はブラキエーションで移動するまで回復していたことは分かった。ただ両後肢の膝関節と股関節が曲がって伸ばせない状態だった。ＣＴ検査をしたところ、彼の膝関節と股関節の骨が

*この経緯については以下を参照。Hayashi, M., Sakuraba, Y., Watanabe, S., Kaneko, A., Matsuzawa, T. (2013). Behavioral recovery from tetraparesis in a captive chimpanzee. Primates, 54(3), 237-243.

寝たきりから回復したレオ。両腕で体を支えることはできるが、両後肢に障害が残った。

変形していることがわかり、両後肢に障害が残ってしまったことになる。ただ、レオ自身は金網や手すりにつかまりながらも広い部屋をよちよちと歩き、隅々を探検するような好奇心があった。そこで今度は、歩く練習のために認知課題を利用した「歩行リハビリテーション」を考案した。* セッティングはシンプルだ。3〜4個の写真や図からひとつだけ異なるものを選ぶ認知課題を提示するタッチモニターと、そこから約2m離れたところにご褒美（ほうび）の食べ物が出てくるフィーダーを設置。つまり、課題に正解すると、ご褒美を得るために2m歩かなければならない。そして次の課題をするためにまた2m歩いて戻る。往復4m×100課題を1日2回すると、1日で800m、1週間で5600m、1年で29万2000m……1年ちょっとで名古屋から東京くらいまで歩いてしまう。実際には、課題をやりたくない時もあるし、手を伸ばしてご褒美をもらったりして1mくらいしか歩いていないこともあるが、この歩行リハビリテーションを始めて、実際に歩行時間や距離が延びた。さらに歩行の練習にもなり、リハビリテーション中は、何もつかまらない二足歩行（実際にはお尻を引きずったペンギンのような歩き方）や腕を松葉杖のように使ったクラッチ歩行が多くなっていた。最初はうまくいかない

* Sakuraba, Y., Tomonaga, M., Hayashi, M. (2016). A new method of walking rehabilitation using cognitive tasks in an adult chimpanzee (Pan troglodytes) with a disability: a case study. Primates, 57(3), 403-412.

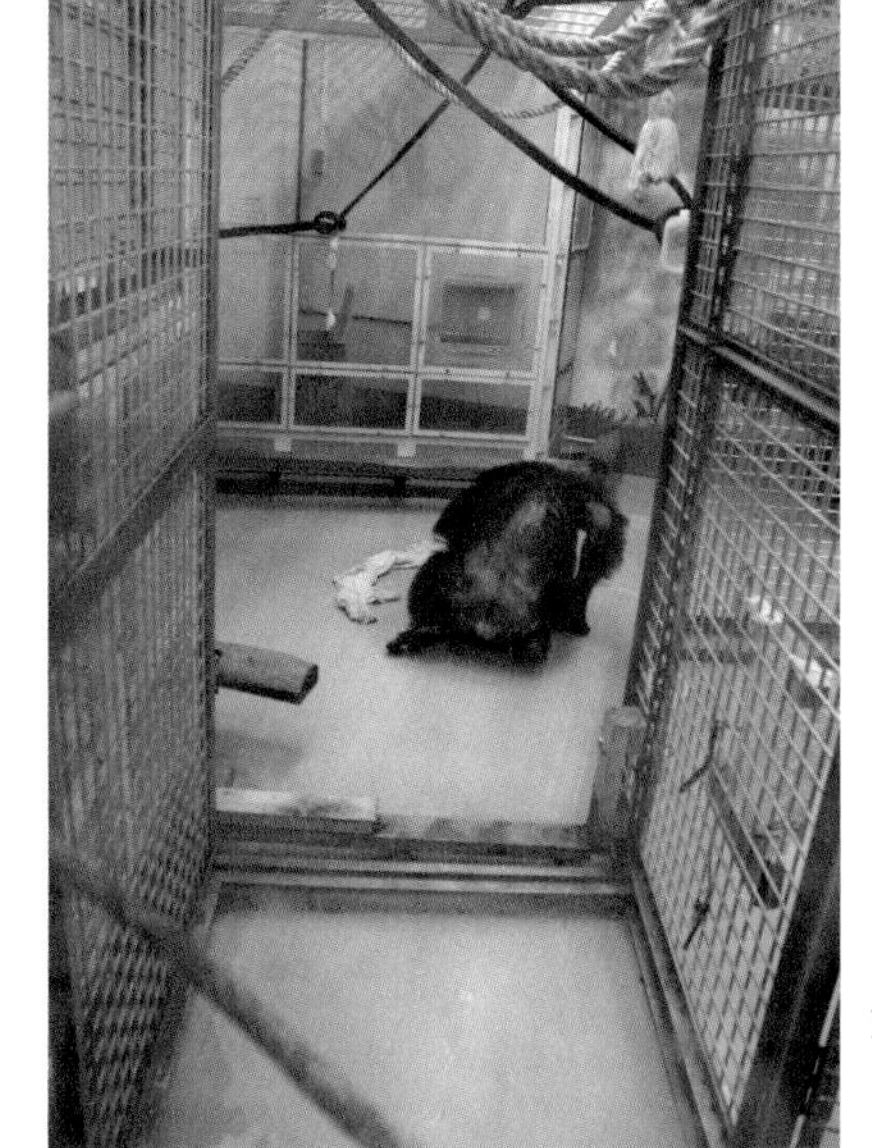

フィーダーからご褒美を取ったあと，次の課題をしにクラッチ歩行でモニターまで移動する。

こともあったが、レオは自主的にこの歩行リハビリテーションを行い、今でも継続している。

このような取り組みから、障害を伴うチンパンジーにおけるリハビリテーションの可能性が示された。ただチンパンジーの場合、「リハビリの時間ですよ〜」「もう少し頑張りましょう！」などヒトのペースでリハビリテーションはできない。無理にやろうとするとレオは怒るだろう。ここまでの回復を見せたのは、彼の欲求をスタッフがくみ取り、様々な工夫や環境を与えたことの結果だと考えている。

群れに戻ったチンパンジー

名古屋駅から地下鉄で20分ほどの場所に名古屋市東山動植物園がある。イケメンゴリラのシャバーニ、おじさんのような叫び声をあげるフクロテナガザルのケイジが暮らす動物園として数年前から話題だ。２０１８年9月にはチンパンジーとゴリラの新しい動物舎もでき、たくさんの来園者を迎えている。東山動植物園のチンパンジーは、複数のオスとメスが群れで暮らしており、２０１７年10月には双子のチンパンジーも生まれて大変にぎやかだ。野生のチンパンジーは、メスが群れを出ていき、オスは群れに残る父系社会だ。ここではチャーリー、リュウ、リキという3世代のオスのチンパンジーが暮らしており、野生本来の姿に近い群れを見ることができる。

タッチモニターを触って課題を解くレオ。

そんな東山動植物園の群れには、身体障害があるチンパンジーが暮らしている。アキコとユリというメスのチンパンジーだ。アキコは2012年末、推定34歳の時に左前肢に筋肉の壊死（えし）が見つかり、肘から下を切断した。ユリは2015年、推定44歳の時に右半身にまひが生じ、右腕に体重をのせたり何かを操作したりする運動は難しい状態になった。そんな身体に大きな障害を負うことになった彼女たちだったが、2013年にアキコ、2015年にはユリを群れに戻す試みが行われた。霊長類研究所の大学院生だった私は、その時の様子や群れに戻った後の観察を行った。

群れへ戻す際に、アキコやユリがちゃんと食べたり移動したりできるかどうか、ほかの群れメンバーから攻撃されないかなど、懸念すべき点はいくつもあった。たまに大きなケンカをすることもあるチンパンジーだからこそ、彼女たちが逃げ遅れたりして、大けがをする心配もあった。動物園スタッフはさまざまな場合に対処する計画を立て、万全の体制で群れ復帰に挑んだ。

結論から言えば、彼女たちは実にすんなりと群れのメンバーに受け入れられ、群れに戻ることができた。そして私が非常に驚いたことは、彼女たちに対してほかのチンパンジーたちが以前と変わらない態度で接していたことだ。たまたま卒業研究で健常な時の彼女たち（2010年時）の観察をしていたので、一日の行動配分やグルーミング（毛づくろい）に費やす時間について、2013年と20

（右）左前腕を切断したアキコ
（左）右半身がまひする前のユリ

15年で比較した。移動や採食などの行動は、アキコとユリにおいて影響があった。しかし彼女たちから他個体へのグルーミングは減少したものの、他個体からグルーミングを受ける時間はほとんど変わらないことが分かった。また、アキコとユリ以外で行動が大きく変化したメンバーはいなかった。

これらの結果から、アキコとユリの行動の変化は身体障害が要因となった可能性が高いが、彼女たちの身体障害は、他個体の行動に影響を及ぼしていないと考えられる。心配していたような、攻撃や排除といった、彼女たちに対するネガティブな態度はほとんどなかったが、同時に積極的な援助も見られない。アキコやユリが動きづらいときに支えたり引っ張り上げたりはしないし、食べ物を分け与えるようなこともしない。ケンカが起これればほかのメンバーと同じように攻撃されたりもする。接し方が変わらないのなら、援助や同情もないことは当たり前と言えば当たり前だろう。このアキコとユリの事例から、身体障害はチンパンジーにとって社会的には大きな障害にはならず、いい意味でも悪い意味でも彼らの社会は差別のない社会に思えた。もちろん、これは東山動植物園のチンパンジー群における話であり、飼育下のチンパンジー群すべてがそうなるとは言い切れない。

ここまでが大学院生時代に行ってきた研究だ。その後に京都市動物園に入り、ここからさらに範囲は広がり、研究のフィールドは近畿、四国、九州に

群れの中で生活するアキコ。群れのメンバーは彼女を受け入れている。

まで及んでいる。フィールドが広がったことで、新たな知見も得られるようになり、ますます身体障害を伴うチンパンジーたち、その群れのメンバーについての興味が増している。

脳性まひのチンパンジー

高知県立のいち動物公園（高知県香南市）にミルキーという名のメスのチンパンジーが暮らしている。彼女は２０１３年７月に生まれたが、母親が難産で、麻酔下での出生だった。ミルキーは生まれた直後は心肺停止の状態だったが、スタッフによるマッサージや酸素吸入などの懸命な蘇生処置により、一命をとりとめた。人工哺育が始まってしばらく経った頃、飼育スタッフがミルキーに対して違和感を感じ始めた。うまくものをつかめない、目線が合わない、体重を支えられないなど……。専門家に見てもらったところ、脳性まひによる身体及び認知の発達の遅れがあると診断され、特に右半身にまひが強く出ていた。人工哺育だけでも大変なのに、障害もある……。動物園にはとても困難な問題だ。それでも動物園は、彼女の発達をサポートし、よりよい生活が送れるような取り組みを始めた。動物園スタッフだけでなく、人間の理学療法士、作業療法士、発達の研究者が関わっての療育活動だ。定期的にミルキーの発達検査と観察を行い、その都度

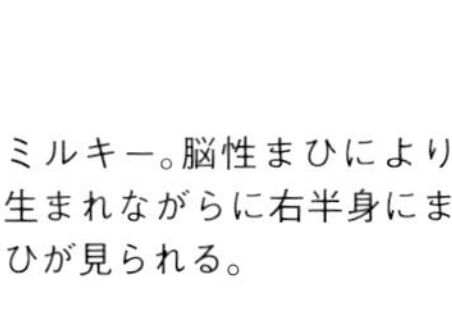

ミルキー。脳性まひにより生まれながらに右半身にまひが見られる。

彼女の行動を分析して、適切な環境について動物園スタッフと会議を行う。そして彼女の生活環境を動物園スタッフが作っていく。この療育活動はミルキーが1歳のときから始まり、現在も継続している。非常に先進的でユニークな取り組みだ。ミルキーのフェイスブックもあるのでぜひのぞいてみてほしい（IDは、「ミルキー（milky）高知県立のいち動物公園」）。

私は2016年、ミルキーが3歳半のときから関わり始め、京都市動物園に就職してからも月1回、ビデオ観察のために高知に赴いている。私自身は、霊長類研究所のレオで行ってきたように、ミルキーの行動をビデオで記録し、彼女の身体的な基礎データを示すこと、そしてこの療育活動によってミルキーの身体的発達と行動にどのような効果があるかを調べている。現在も観察を続けているため結論まではいかないが、毎回の観察で彼女がよく体を動かし、学習し、着実に成長していることはよくわかる。まひの強い右半身も使い、地面を歩いたり走ったり、ロープや梯子（はしご）を使って高いところに登ったりできるようになっている。また、

トランポリンも使って体幹のバランスを鍛える。

飼育スタッフオリジナルのジャングルジムで運動するミルキー。

笑ったり、怒ったり、チンパンジーらしい表情をし、認知面での発達も問題ないように思える。

一事例の研究でしかないが、もしミルキーに何もしてこなかったとしたら、彼女がここまで体を動かし、自立するまでには至らなかったと想像できる。これはレオのケアと共通している。ミルキーの成長のために環境を整えることが、運動能力等の向上につながっていると考えられる。時にミルキーは、用意した環境エンリッチメントを目的とは異なった使い方をすることもあった。例えば、体幹のバランス感覚を発達・強化させるために、円盤と棒をつなぎ合わせたバランス円盤？をロープにつるし、そのつるした部分に食べ物を取りつけた。彼女がゆらゆら揺れる円盤を足掛かりにして、バランスを取りながら食べ物を取ることを想定したものだったが、そのうち彼女は円盤を手で揺らして食べ物を落とすことを覚えた。さらに体が大きくなるにつれて、今までは登って食べ物を取っていた場所でも、地面からジャンプして取れるようになってしまったりと、大人になってから障害を負ったレオとは異なり、「発達」の要因を組み込んだリハビリテーションの難しさも実感している。

２０１９年９月にミルキー用の新しい部屋が完成した。今までは一日の大半をコンクリート床の屋内部屋で過ごすしかなかったミルキーだが、新しい部屋の地面は土で、日の光も注いでくる。いろんなものを取り付けられるように、様々な

2019年９月にミルキー用の新しい部屋が誕生。

工夫もされている。この部屋でのミルキーの行動を今も観察中だ。彼女のサポートはまだまだ続く。

身体障害チンパンジーと一緒に暮らすチンパンジー

2016年4月に震度7の地震が2回起きた熊本県。熊本市動植物園も甚大な被害が起き、一時閉園に追い込まれた。そんな中、ユウコというメスのチンパンジーにも大変なことが起こっていた。彼女の右脚の筋肉に壊死が見つかり、脚の付け根からの断脚手術が行われた。手術は無事に終わり、クラッチ歩行をして移動することもできるようになった。そして彼女も東山動植物園のアキコやユリと同様に群れに戻ることになった。直接観察はできなかったが、ユウコは無事に群れに戻ることができ、さらに群れで暮らすことでリハビリにもなっているようだ。すると、現場スタッフから「ユウコはほかの個体から配慮されている」という話を聞いた。

本来ならば、ユウコが障害を負う前と後で行動比較することが一番だが、残念ながらアキコやユリのときのような、障害を負う前のデータはなかった。そこで2019年4月から、名古屋と熊本の身体障害個体を含むチンパンジー群において、身体障害個体に対して、群れのメンバーがどのような接し方をしているかを調査してみた。残念ながら2019年1月にユリが亡くなってしまったが、身体障害個体が含まれる名古屋市東山動植物園と熊本市動植物園のチンパンジー群、

右脚を切断したユウコ。彼女のことを考えて運動場には消防ホースが張り巡らされている。

その比較対象として、身体障害個体が含まれない京都市動物園のチンパンジー群を、数日間、丸一日の行動を観察した。結果、名古屋と熊本のチンパンジー群において、身体障害個体に対する群れメンバーの行動に、特別な関係は見られていない。むしろ全員が健常な京都の群れでは、メス同士の関係の悪さが見られた。環境も群れ編成も異なるため直接比較は難しいが、名古屋群、熊本群において、身体障害個体とほかのメンバーに特別な関係があるわけではなかった。どうやら、ユウコが特別みんなから配慮されていたとは言えないようだ。

2019年9月、今度はユウコが亡くなってしまった。生き物を対象にしているのでこういうこともある。ユウコが亡くなった後も観察を継続したところ、熊本市動植物園のアルファ（第一位）オスのマルクの社会行動が減少していることが分かった。ユウコとマルクはほかのメスたちと比べてよくお互いグルーミングをしていた。ユウコが亡き後は、グルーミング相手が変わると予想していたが、ほかのメンバーとのグルーミング時間は増えていなかった。スタッフに聞くと、マルクはユウコが亡くなって数日は、頻繁にディスプレイ*したり、パントフートという声を出したりしていたという。パントフートは、「おーい」と遠くの仲間に呼びかけるような音声コミュニケーションのひとつだ。群れのメンバーは彼女の遺体を見ていないようなので、急にいなくなったユウコを探しているのかもしれない。それだけほかの仲間と同じく、大切な存在として接していたのではない

*独特の音声とともに毛を逆立てて体をゆらす、周囲の物を叩いたり蹴ったりすることで音を立てるなどの動作をした後に、他個体や物に突進するような行動。オスのチンパンジーによく見られ、この後は群れの中が大騒ぎになることも多い。

2019年9月にユウコは亡くなった。マルクにとってはユウコの死はインパクトが強かったかもしれない。

かと思えてくる。

これも熊本市動植物園における話であって、チンパンジーがみんなそのような行動をするわけではないだろう。しかし東山動植物園でユリが亡くなっているため、この2園で、身体障害個体が群れに戻ったとき・死んだときの様子や、数日間の観察だけでは拾えない彼らの行動について、現場の声もインタビューしてみたい。

身体障害を伴うチンパンジーの福祉とは？

ここまで「身体障害チンパンジー」を対象に私が行ってきた研究について紹介した。実はこのようなチンパンジーは野生下でも存在している。くくり罠(わな)などにかかり、血液が届かなくなった手足が壊死して脱落してしまったり、まひしてしまったり、またポリオ等の病気が原因でまひが生じる場合もある。そんなとき、彼らは行動を柔軟に変化させ、多くは群れの中で自立して生活していたという。さらに周囲のメンバーからは差別的な態度も見られなかったという。このような野生での報告は、観察してきた飼育下のチンパンジーともよく似ている。現段階では、事例報告の域を出ないが、飼育下の身体障害チンパンジーの福祉を考えると、レオやミルキーのように「障害に合わせて自発的にリハビリテーションできるような物理的な環境を整え」、さらにアキコやユリ、ユウコのように「一人ぼっちにしない」努力が、彼らの福祉の向上には必要だと考えている。さらに、身体障害を伴うメンバーに対して、チンパンジーたちがさして気にしないようにふるまうことも興味深い。今後はチンパンジーたちが「身体障害」をどう認知しているかを調査することで、身体障害個体の群れ復帰における社会的リスクについても議論できるだろう。

ハンデがある動物たち、彼らを見るヒトたち

現在国内で身体障害を伴うチンパンジーは、レオ、ミルキー、アキコの他にも存在する。過去にさかのぼれば、ユリやユウコの他にも身体障害があったとされる個体の記録もある。そして、チンパンジー以外にも身体障害を伴う動物の例はある。同じ霊長類であれば、淡路島モンキーセンターのニホンザルには、四肢や指に障害がある個体が多いことは比較的知られており、愛知県の日本モンキーセンターで飼育されているサルたちの中にも、四肢に障害がある個体が複数存在している。さらに種を広げれば、今やイヌ用・ネコ用の車いすや義足は認知されてきており、動物園などの飼育動物でも、義足を付けたキリンやゾウ、人工尾びれを付けたイルカの話も本になっている。また「老齢個体」も同じように身体機能の低下があると考えると、身体的ハンデがある動物たちは意外と身近にいる。

そしてこのような身体的ハンデがある動物たちを見つめる人々の言動も興味深い。「かわいそう」「見たくない」という人もいれば、「頑張っているね」と一緒にいる人と話したり、「腕がないなんてそんなことないだろう」と見て見ぬふり

をしたり、ただただ驚くだけだったり、暖かいまなざしを送ったりと、さまざまな反応が見られる。相手が人間ではない動物だからなのか、非常に多様でわかりやすい反応が見られる。最近では東山動植物園で「アキコ」を探す小学校の団体に出くわすことがある。道徳の授業なのか意図はわからないが、以前にはなかった行動だ。それだけ身体的ハンデがある動物は、私を含め人々に興味をもたれる存在なのかもしれない。しかし今までの観察から、逆にそのように興味をもつのはヒトしかいないのではないだろうか、と思うことがある。だからこそ、排除や無視等の差別も、介護や手助け等の援助も可能なのかもしれない。今後は、チンパンジーたちと、私たちヒトの「身体障害」に対する認識についても、研究できたらと思っている。

（櫻庭陽子）

〔付記〕本章で紹介した一連の研究を行うにあたって、京都大学霊長類研究所、名古屋市東山動植物園、高知県立のいち動物公園、熊本市動植物園の皆さまには多大なるご協力をいただきました。また、ミルキーの研究においては、京都大学霊長類研究所の友永雅己教授、林美里助教、追手門学院大学の竹下秀子教授、びわこ学園医療福祉センター草津の高塩純一先生、高知県立のいち動物公園の山田信宏様との共同研究として現在も進めています。

第4章

ラオスのゾウと動物園

1　ゾウがつなぐラオスと京都

京都市動物園の〈ゾウの森〉

京都市動物園には、5頭のゾウが暮らしている。ゾウは現在、アフリカに2種（サバンナゾウとマルミミゾウ、いわゆるアフリカゾウ）、アジアにアジアゾウが1種いて、京都市動物園のゾウはアジアゾウだ。一番年長のメス「美都（みと）」は推定48歳。当時のマレーシア国王からの贈りものとして40年前に推定8歳で京都にやってきて、それからずっと京都市動物園で暮らしている。他の4頭は、インドシナ半島の内陸国、ラオスから２０１４年に京都にやってきた若いゾウ達だ。年齢順に、11歳の冬美（ふゆみ）トンクン（２００８年2月生まれ）、9歳の春美（はるみ）カムパート（２０１０年3月生まれ）と夏美（なつみ）ブンニュン（同年6月生まれ）、8歳の秋都（あきと）トンカム（２０１１年10月生まれ）だ。＊

「ぐおおおーーーー」、「パアーーーー！」。小さな京都市動物園では、日中、園内にゾウたちの声が響き渡ることがある。とくに若いゾウたちは元気いっぱいで、時には遊びに夢中になって、時にはご飯の時間を待ちかねて、大声を上げる。もっともゾウたちにとっては興奮して自然にあふれ出る声で、とくに大きな声を出そうなんて考えていないのかもしれない。でも、まだ成長過程とはいえ、体重

＊２０２０年2月現在

1・5トンから2トンにもなるゾウの発声器官を通ると、地面に響くほどの声になる。ゾウの見えないところでこの声を聴いたお客さんは、何が起こったのかと周りをキョロキョロ。「ゾウさんたちが騒いでますね」と教えてあげると、「ゾウってこんな声を出すんですか⁉」と驚かれることもしばしば。

動物園のゾウを取り巻く厳しい状況

日本の動物園のゾウというと、オス、メスのペアか、メスだけで飼われているのがほとんどで、1頭だけで飼われているところも少なくない。ゾウは動物園の看板動物でもあるので、動物園の中ではゾウが占める面積は、他の動物たちに使われる面積と比べると大きい方だと思う。それでも、3頭、4頭とゾウを群れで飼うために十分な施設がなかったのがかつての動物園だった。実際、これまで動物園でゾウが赤ちゃんを産んで育った例は少なく、多くの動物園で子どもが生まれないまま歳を重ねているのが現状だ。すでに1頭だけいたゾウが亡くなって、ゾウがいない動物園が出てきている。今いるゾウたちが寿命を迎えたとき、日本の動物園にはゾウがほとんどいなくなってしまうことが現実の問題として迫る。

2019年末の時点で、日本の動物園にはアジアゾウが83頭、アフ

リカゾウはわずか29頭。ゾウの繁殖は目前に差し迫った課題だ。日本各地の動物園が、海外のゾウ生息国や動物園と交渉をしているものの、近年ではゾウの生息国でも、土地開発や人口増加にともなう環境破壊で、または象牙目当ての密猟で、ゾウは絶滅の危機にあり、自分たちの国のゾウを守るために、もはや海外にゾウを出さないようになっている。その一方で、動物園でゾウを飼うこと自体が動物福祉の点で問題視されるようにもなっていて、実際に海外の動物園ではゾウを飼うことを自らやめる決断をする動物園も出てきている。

京都市動物園がリニューアルプランを出したのはこのような状況の中だった。２００９年時点で、京都市動物園にいたのはメスの美都だけ。日本の多くの動物園と事情は変わらない。当時、美都が暮らしていたゾウ舎は、大正時代に建てられた築１００年になろうという木造の建物。当然、新しいゾウ舎に建て替える計画が立てられたが、すでに40歳近い美都1頭だけで飼い続けても、子どもができるはずがなく、将来が見込めない。しかも社会の情勢は、本来は群れで暮らすゾウを1頭だけで飼っていることに対して強い批判の声があがり始めていた。そんなに遠くない未来に、ゾウを飼うことをあきらめるか、そうでなければゾウを繁殖できるだけの施設と個体を備えるか、どちらを取るのも困難な選択に迫られていた。

かつてのゾウ舎と、そこに暮らしていた美都。
小さなグラウンドをゆっくり周回する姿がよく見られた。

京都市は、積極策である後者を取った。リニューアルする京都市動物園に〈ゾウの森〉というゾーンを設け、そこでアジアゾウを群れで飼う構想を掲げたのだ。〈ゾウの森〉の計画は立てたものの、その時点で具体的なゾウ導入の計画があったわけではなかった。手をこまねいていても時間はすぐに過ぎてしまう。そんな中で、候補に上がったのが、親日国ラオスだった。ラオスはインドシナ半島にある、中国とベトナムとカンボジアとミャンマーとタイに周囲をぐるりと囲まれた内陸国だ。インドシナ半島は、14世紀には「ランサーン王国」という仏教国が栄えた地だった。国名の意味は、ラオ語でランが百万、サーンがゾウという意味。つまり、「百万頭のゾウの国」。実際、昔の王国の様子を描いた絵では、王様がゾウに乗って運ばれていたり、戦争にゾウに乗った軍団が描かれている。ラオスに限らず、周辺のタイやミャンマー、インドなどアジアゾウの生息国では、ゾウを使役に使う「ゾウ使い」の文化が現在も見られる。

ラオスと京都市との関係

ラオスは、第二次世界大戦後の独立戦争を経て、1955年に日本と国交を樹立している。日本はラオスにとって世界最大の援助国となっており、政府開発援助（ODA）や、国際協力機構（JICA）等を通して多くの日本人がラオスで活動している。そんなラオスは京都ともつながりが深く、在日ラオス大使館は東京にあるが、京都には、在京都ラオス人民民主共和国名誉領事館があり、名誉領事がおられる。ラオス人ではなく、日本人。大野嘉宏さんという方で、長くラオスの支援活動に取り組まれてこられたことが認められ、ラオス政府から任命を受けられた。とは言っても、経済的に決して豊かではないラオスのこと、無償のボランティアでラオスと日本をつなぐ架け橋の役割を担っているそうだ。2011年には、関西ラオス友好協会も京都市に立ち上がり、名誉領事館とともに、ラオスを支援したり、ラオスという国のすばらしさを市民に伝える活動をされている。以前から民間レベルで、ラオスと京都との深い縁があったのだ。

2012年、在日ラオス全権大使ケントトン・ヌアンタシン氏が京都を訪問されたとき、京都市長との会談が設定された。その際に、門川大作京都市長が、ケントン大使に対して、友好のシンボルとして、ゾウの譲渡を求めた。京都市動物園で現在も進めている「ゾウの繁殖プロジェクト」はこのときから始まった。* ここでは、その一部を紹介しよう。

「ゾウの繁殖プロジェクト」

2013年7月12日、ラオスの首都、ビエンチャン特別市で、京都市動物園とラオス天然資源・環境省森林資源管理局の間で、「京都市動物園におけるゾウの繁殖プロジェクト」の調印式が行われた。

京都市動物園にゾウを譲ってほしいという話は、2015年の日本国とラオス政府の外交関係樹立60周年記念事業という話に発展し、日本国政府の関係機関、

*ここからの経過は、京都市動物園のウェブサイト内の「ゾウの繁殖プロジェクト」のページ https://www5.city.kyoto.jp/zoo/elephantbreedingproject でお知らせしている。

とくに外務省、在ラオス日本国大使館の全面協力を受けた大きな事業となった。安倍晋三首相とトンシン・タンマヴォン　ラオス首相（当時）との首脳会談でも取り上げられ、国と国との約束として、ゾウの譲渡が明記されたことは、大きな意味があった。というのは、ゾウは人気動物であり、日本のいくつかの動物園は海外との交渉をしているが、無事にゾウが日本にやってきた例の方が少なかったからだ。

さらにありがたいことに、ゾウの輸送をはじめとする「ゾウの繁殖プロジェクト」実施にかかる費用について、京都信用金庫から総額1億円にも上る支援をいただけることになった（2014年10月3日　京都市広報資料より）。ラオス政府から貴重なゾウをいただけるとしても、ラオスと日本との間に直行便がないため、ゾウを空路輸送するためには、輸送機をチャーターして飛ばさなければならない。そのための費用だけでも数千万円になる。そして、ゾウが京都市動物園に到着してからが、プロジェクトの実質的なスタートになるわけであり、継続的に支援していただける体制ができたことは本当にありがたかった。

なお、京都信用金庫では、この「ゾウの繁殖プロジェクト」への支援を、CSR（企業の社会的責任）活動の一環と位置付けられていて、CSRに関するレポートでも、プロジェクトに関して報告されている。また、京都信用金庫の職員やそのご家族は、ゾウが京都に来て以来、毎年動物園の清掃ボランティア活動にも取

ゾウの繁殖プロジェクト調印式の場面。背景の調印式を表す幕は、現在も京都市動物園の事務所に飾られている。

り組んでくれている。貴重な支援をいただいている私たちとしても、その機会に繁殖プロジェクトの経過を報告しており、同信用金庫の支援を受けた事業だということを確認している。

ゾウに会いにラオスに行く

ラオスからゾウがやってきたのは、２０１４年11月17日。門川市長からラオス全権大使にゾウをお願いしてから、２年半後だった。この2年半という期間は、ゾウをめぐる国際間交渉の期間としてはきわめて短い。「奇跡」とも言えるほどスムーズに進んだ例である。ゾウが来て以来、他の動物園関係者から、どうしてそんなにうまくいったのか？　という問い合わせを何件も受けた。そう言われても、私たちとしてもこれが初めてのことだし、一生懸命頑張りましたと言っても、それはどの動物園も同じなので、努力に差があるわけではない。日本国政府、ラオス政府、京都市、さらにゾウのふるさとであるサイニャブリー県の関係者、京都市内の関係団体の皆様すべての努力が実って、「奇跡的に」スムーズにゾウの譲渡が行われたとしか、説明ができないのだ。

話が逸れたが、ゾウが来るまでの2年半の間、京都市動物園でも、ただゾウを待っていたわけではない。「絶滅のおそれのある野生動植物の種の国際取引における条約（ＣＩＴＥＳ、いわゆるワシントン条約）」により、野生のゾウの輸出入は、原則としてできない。「ゾウの繁殖プロジェクト」のためにラオスから送られて来るゾウは、飼育下で生まれ、両親や生年月日等の由来の明らかな個体だ。とは言うものの、やはり両国の共同事業なので、どんな個体なのかを確かめると同時に、どんな環境で暮らしていたのか、どんな人たちに世話されて、どんな物を食べてきたのか、といった個体の背景の情報を知るために、京都市動物園から職員が何度もラオスを訪れた。

主な交渉は、首都であるビエンチャン特別市（東京都のような立場の特別自治体）で行われ、これには動物園の代表者である長谷川淳一園長（当時）をはじめとする動物園幹部が当たった。その一方で、実際のゾウの飼育管理にあたる飼育員や獣医は、実際にゾウがいる地方を訪れた。かつて「百万頭のゾウの国」と言われたラオスでも、今やゾウがいるのは限られた地域だけ。しかも野生ゾウではなく、飼育下のゾウがいるのは、昔からゾウ飼育の伝統をもつ地域に限られていて、ラオス国内でももっとも西に位置するサイニャブリー県まで、ゾウを訪ねていった。首都からは陸路で約400キロメートル。日本の感覚では京都から東京の手前、神奈川県程度なので、遠いと言っても、高速道路で数時間ほど。それほどでもないと思われるかもしれない。しかし、実際にはメコン川沿いの未舗装の道を4WD車に乗って西へ進む。曲がりくねった道を上ったり下ったり。さらにサイニャブリー県に入

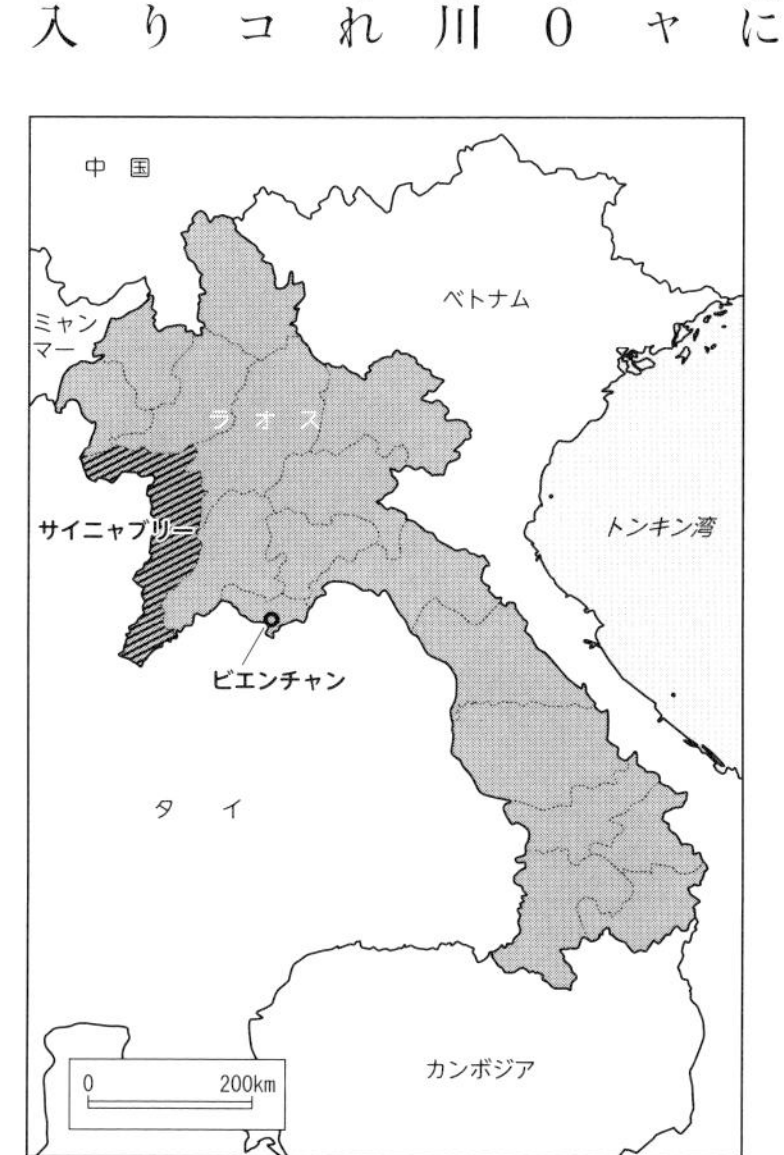

る際に、メコン川を渡すはしけ船に車ごと乗る。メコン川を渡ったら、今度は北へ、山間の道の間に田んぼが広がる風景を見ながらさらに数時間走って、ようやくサイニャブリー県の県都サイニャブリー市に着く。

ラオスは地方政府の力が強く、政府が約束したと言っても、ただちに従わなければならないというような、完全な上下関係はないようで、ラオスと日本の基本的な約束事は了承されているものの、あらためて説明と交渉をする必要があった。これらのことは、何度も足を運び、政府の役人である、天然資源・環境省から派遣されている職員と、県政府職員との交渉を見ていて、さらに私たちも直接双方の話を聞く中で感じられたことだった。後の話で、県知事は、中央政府の大臣と同格の権威をもっていると聞かされたときには、なるほどと納得したものだ。

サイニャブリー県の県都まで来ても、まだゾウはいない。ゾウがたくさんいるサイニャブリー県と言っても、そこら中にゾウが歩いているわけではなかった。サイニャブリー県はラオス国内でも地方（はっきり言って田舎）と見られているが、その県でも県都は小さな地方都市という感じで整備されていた。ゾウを飼っている地域は、中央から、車でさらに何時間もかけて山間部の方へ移動する必要があった。そこでは、ラオスの「今」に直面することになった。

ラオスでのゾウの役割

かつて「百万頭のゾウの国」だったラオスも、ゾウの生息数の急激な減少に危

サイニャブリー県内にある「ゾウ保全センター」のゾウたち。広大な森の中をゾウが歩く様子が見られる。

機感を感じていた。第二次世界大戦後、独立戦争を経て、日本をはじめとする先進国の支援を受けて、ラオスは経済発展を目指してきた。その中で、世界中で起こったことだが、森林資源の開発、食糧増産のための田や畑の拡大などにより、ゾウが暮らす森は急激に減っていった。ラオスでは、飼育下のゾウでも、仕事がないときには森に係留されて自分で森の草木を食べて生きている。そして、仕事はというと、やはり森の中に入っていって、材木を運搬すること。ゾウは、人間ではとても運べない大木を運べる、重機やトレーラーのような役割を担っていた。

しかし、経済発展とともに、ラオスではインフラ整備が進む。私たちもラオスを訪ねるたびに驚いたのは、来るたびに道路がよくなっていることだった。未舗装で車が通るたびに砂煙があがっていた道が、数か月後に来たときには舗装されていたこともあった。道路が整備されることで、大型トラックが走れるようになる。大型トラックが入れない奥地にもトラクターが走っている。かつては唯一の運搬手段だったゾウが活躍する場は減っていった。さらに政府の政策により、材木の伐採が厳しく規制されるようになると、そもそもの仕事がなくなっていった。

現在は、ラオスでもアジアの他のゾウ生息国と同様に、お客を背中に乗せて歩くライド体験などの観光にゾウを貸して、現金収入を得るといった形に、ゾウの利用方法が変わっている。ラオスの人、とくに昔からゾウを飼い続けてきたオーナーにとっては、ゾウは家族であり、先祖から受け継いできた資産でもあるとの

サイニャブリー県の一大事業「ゾウ祭り」に集合した60頭以上のゾウたち。ゾウの背中には、昔のラオスの王侯貴族の衣装を着たゾウのオーナーたちが誇らしげに乗っている。

こと。そんな大切なゾウを経済的な事情で手放さざるをえない状況もでてきており、ラオスの飼育下のゾウが急激に減っている要因にもなっている。

野生のゾウのいる森

ラオス国内には、最新の調査で、約４００頭の野生のゾウがいると報告されている。しかし、近年では電力需要を見込んだ大規模なダム開発もあり、野生ゾウだけでなく飼育下のゾウの住む場所もなくなりつつある。私たちがラオスを訪ねた当初、政府関係者は、野生ゾウの数は６００頭と話していたので、調査のたびに数が減っているようだ。しかも、ラオス国内に一様にいるわけではなく、ゾウの生息が確認されている地域でも、10頭以下のひとつの群れしかいなかったりして、そのままでは繁殖の機会がなく消滅してしまうことが予想される。数十頭の比較的大きな群れは、ラオス中部のボリカムサイ県と、京都市動物園のゾウ達のふるさとであるサイニャブリー県で確認されている程度とのこと。ラオス政府でも事態を深刻に受け止めていて、ゾウなどの貴重な野生動物のいる森を保護地域に指定し、これ以上の減少を食い止める政策を進めている。しかし、予算や人員の不足もあり、十分な政策の徹底ができないことが悩みとのことだった。

野生のゾウは、複数のメスとその子どもたちで構成される群れで暮らす。ゾウの平均寿命は60歳と言われているので、人間の一生の長さと変わらない。人間と変わらない子どもの期間を過ごし、群れの中で多くのことを学んでいかなければならない。人間と違わない時間を生きる動物だと知ると、社会の中で多くのことを学ぶ子どもも時代がとても大切なことがわかるはずだ。

ラオスでのゾウ事情は、「ゾウの繁殖プロジェクト」の交渉の過程で何度もラオスを訪ね、ラオスの方と話す中で知ったことだ。私たちは、そのようなラオスから大事なゾウをいただくことを知り、いただいたゾウを健康に幸せに京都で暮らせるようにするのはもちろんのこと、繁殖をはじめとするさまざまな観点から研究を行い、ゾウについて多くのことを調べて、その成果をラオスに返していく責任があるのだという思いを新たにした。

市民発のラオスへの恩返し

ラオスについてお話しするこの章で、もうひとつお伝えしなければならない活動がある。これは、「ゾウの繁殖プロジェクト」とは別に、京都にラオスからゾウをいただいたことに感謝する京都市内の団体の有志が始めた活動だ。

「象への恩返しプロジェクト」というのがその活動の名称。京都「おやじの会」連絡会、京都市児童館学童連盟、京都市日本保育協会、京都市PTA連絡協議会、京都市保育園連盟、京都市私立幼稚園協会、京都はぐくみネットワークという7つの団体の有志が寄付を集めて、ラオスのゾウのふるさとの地域の子どもたちのために、学校校舎を建設しようという活動だった。

ラオスでは、国を豊かにする政策として教育に力をいれているが、現実には地方の小学校、中学校まで行き渡らせる経済力がない。以前からラオス支援の活動をされている在京都ラオス名誉領事館や洛中ロータリークラブ、関西ラオス友好協会を通じてラオス、とくに子ゾウたちのふるさとであるサイニャブリー県の学校の事情を聴き、中学校の校舎を建設するために必要な額（約790万円）を目標に寄付金を集める活動を始められた。その後、いろいろ困難はあったとのことだが、その寄付金を元に建設が進み2017年に校舎が完成し、その落成式に寄付団体の代表の方々がはるばるサイニャブリー県まで訪ねて、現地でたいへんな歓迎を受けたそうだ。その様子は、同年12月9日に京都市動物園で「象への恩返しプロジェクト報告会」として行われた。ゾウを通じて、京都とラオスの人々が深くつながった好例としてご紹介した。

この他にも、京都市とラオスの首都ビエンチャン特別市は2015年11月3日に「パートナーシティ」提携を結んでおり、京都市バスの車両がビエンチャンの公共交通として活躍していたり、JICAを通じた首都のごみ分別活動にかかわるなどの活動もしている。

ラオスをもっと知ってもらうために

私たち京都市動物園にとっては、ゾウを通じて、外国の中でもとくに身近になったラオスだが、まだまだ知名度は高くない。ラオスというすばらしい国のことをもっと知ってもらうために、ラオスを訪れてかの国の良さをよく知るゾウの飼育担当職員らの企画により、２０１８年から、「ラオス展」を始めた。ラオスで撮った写真を中心に、ゾウに関係する工芸品やラオスの日用品などを展示し、ラオスを訪ねた職員による講演会なども企画した。ラオスという国の国民性なのか、訪ねるたびにこちらが恐縮するくらい心を尽くして歓迎してくれる。動物園での展示を通して、京都市動物園を訪れた人々に、ラオスという国の素晴らしさを知ってもらう機会にしたい。

（田中正之）

2　新たな群れの誕生

みなさんはゾウと聞いて、どんな動物を思いうかべるだろうか？　鼻が長い、体が大きい、力持ち、賢い、優しい、でも怒ると怖い、等々。どれも正解。そんな彼ら（ゾウたち）から、私は飼育員としてどうあるべきかの基本的な姿勢・考え方を学ぶことができた。今回はそのうちのいくつかのエピソードを紹介したい。

ゾウの引きこもり

ゾウ舎の建て替えに伴って２０１４年10月20日、当時43歳（推定）のメスゾウ美都が、古いゾウ舎から新しいゾウ舎へ引っ越しをした。体重３トン余りある美都の体がちょうど入るサイズの鉄製の輸送箱に入れて、50トンクレーン車で空中に吊り上げての移動だ。移動自体は無事すんだが、35年間生活した古いゾウ舎からの引っ越しという、突然の環境の変化にプラスして、もともと慎重な性格の美都は、その日から外に出ようとしなくなった。

さらに同年11月17日、ラオスから4頭の子ゾウたちがやって来て、私たち飼育員は子ゾウたちに多くの時間を費やすことになり、美都との時間が少なくなってしまった。彼女は物音をたて、視線を送ってアピールしたが、なかなか気づいてあげることができなかった。

２０１５年2月28日に子ゾウたちのお披露目式が終わり、一段落した頃には、美都は肉体的にも精神的にも疲れてしまっている様子だった。目は少し落ちくぼみ、肌の張りもなく、元気がないように見えた。これは良くない。一日も早く外に出してあげなければと、美都と飼育員の二人三脚が始まった。彼女の好きな食べ物（サツマイモ、ニンジン、リンゴ、バナナ）や、タイヤ等の遊び道具でグラウンドに出るよう促してみた。時間を見つけては会いに行き、声をかけたり、飼育員がいない時はクラシック音楽やラジオをかけて、彼女の寂しさを紛らわすようにした。すると、美都の表情はだんだんと穏やかになり、両前肢、そして右後肢の順に外に出るようになった。しかし、最後の左後肢がどうしても出ない。左後肢を室内に残すことで、安心を得ていたのかもしれない。どんなに呼んでも、どんな食べ物を持ってきても、それ以上は外に出てこなかった。

美都

どうしたものかと途方に暮れていたある日、美都が室内と、外のパドック間の扉のレールの溝をしきりに気にしていることに気が付いた。その姿を見て、私は理解した。彼女はこのレールが嫌なのだと。このレールを中と外の境界線にしているのだと。そこで溝を隠すよう周囲に砂をまいたところ、その日のうちに体全体をパドックに出すことができた。

この時、私は思った。自分が呼んだら来るだろうとか、好物で誘ったら出てくるだろうとか、自分本位の考え方をしてはいけない。その時、その個体が何を望んでいるのか、何につまずいているのかを見極めなければいけない。そのためにも、普段から動物をしっかり観察する目を養い、動物の立場に立って物事を考えるようにしようと。

２０１６年10月18日、彼女は引っ越し以来、初めてグラウンドに出て餌を食べた。２年というひとつの区切りを前にして、頑張ってくれたように私には思えた。

２０１９年８月８日で、美都がマレーシアから京都市動物園に来園して40年が経った。京都市動物園の看板ゾウとして、多くの来園者に愛されている彼女には、すべてを包み込むような優しさ、魅力がある。そのような彼女と一緒に働くことができていることを、とても誇りに思う。現在推定48歳。ゾウの寿命は60年と言われているので、中高年期の真っただ中。今後もきめ細やかなケアをしながら、美都に寄り添い、一日でも長く生きて欲しいと願っている。がんばれ、美都！

ゾウのトレーニング

2017年4月、アジアゾウの管理方法がゾウと同室して清掃・調教・給餌を行う直接飼育から、柵越しにトレーニングや怪我の治療などを行う準間接飼育に切り替わった。昔からゾウの飼育場面では、飼育員がケガをしたり、場合によっては死亡事故が起こったりしている。飼育員の安全面を考慮した変更であり、今や全世界的な流れとなっている。

この大きな変化にゾウが混乱しなければ良いがと思っていたが、一番戸惑ったのは私たち飼育員の方だった。直接飼育では厳しく叱ることもあったが、準間接飼育ではそういうわけにはいかない。なぜなら目的の行動をさせるために、まずゾウの方から柵に近づいてきてもらわなければならないからだ。機嫌を損ねてゾウが柵から離れてしまうと、飼育員は何もできない。優しく声をかけたりエサをあげたりして、ゾウのやる気を引き出す。褒めて伸ばすやり方を取り入れてからは、ゾウたちも積極的にトレーニングに臨んでくれるようになった。ゾウと接するときは個を尊重し、彼らが自主的に取り組んでくれるよう、心がけなければならない。見た目は2トンから3トンもある大きな体をしているが、小さな我が子を育てるように愛情を持って、時に優しく時に厳しくゾウに接するようにしている。

夏の暑い時期、納涼イベントとしてプールでゾウにスイカなどのおやつをあげている。

ゾウの同居

京都市動物園に元からいたゾウの美都と、新たにラオスからやってきた子ゾウ4頭が、それぞれ新しい環境に慣れてきたので、2016年3月3日から全員の同居に向けての取り組みを本格的にスタートさせた。まずは寝室内で柵越しに顔合わせを行い、次にグラウンドで柵越しに顔合わせを行った。徐々に鼻と鼻を絡める、仲のよさを示す行動や、鼻でお互いの体を優しく触り合う様子が観察されたため、2018年1月29日、初めての同居へと進んだ。ところが顔を合わせた途端、美都は若いゾウたちを追い回し、後ろから押し、乱暴に接触した。そうすることで自らの優位性を築こうとした。同居のたび、美都が他のゾウに対して手荒な接触をすることがあったが、それ以上相手を深く追い込むような行動が見られなくなったので、同居の頻度を上げていった。月に1回→週1回→週3回と回数を重ねるごとに、美都の他個体への攻撃は減っていった。2020年の2月現在は、日中は毎日グラ

ウンドで同居している。美都は、春美カムパートと夏美ブンニュンに対して、攻撃的な行動を取ることはほぼなくなり、友好的な関係が確立したようだ。しかし、子ゾウの中で一番大きな冬美トンクンに対しては、なかなか攻撃行動がなくならず、冬美トンクンも美都を恐れて距離を置いていた。それでも最近では、お尻を向けて美都に近づこうとする行動も見られるようになった。オスの秋都トンカムは、美都とあまり接触しようとしないが、美都が見ていない隙に近くへ来ることが増えてきた。今後、美都と若いゾウたちの距離はどんどん縮まっていくことと思う。新たな群れの誕生を期待している。

読者のみなさんも、これから京都市動物園の5頭のゾウたちがどうなっていくか想像してみてほしい。私はすごく楽しみだ。仲良くなる、ケンカをする、大きく成長する、赤ちゃんが産まれる、歳をとって衰える、病気をする、いろいろなことがあると思う。私たちはそのどれにも真剣に向き合い、ともに歩んでいくつもりだ。それがたくさんの貴重な経験をさせてくれる、ゾウたちへの恩返しだと思っている。体が大きく何事にも動じないように見えて、とても繊細で甘えん坊なゾウたちのことを、これからも愛してほしい。

（米田弘樹）

プールでリラックスする冬美トンクン。4頭の若いゾウの中ではお姉さん格だが、美都との関係は緊張をはらむ。それでも徐々に関係は改善していっている。

京都市動物園の教育プログラム

○レクチャー

動物園や水族館を訪れたとき、スタッフたちによる動物ガイドを聞いたことはあるだろうか？みなさんのなかには事前にタイムスケジュールをチェックして色々な動物ガイドを楽しまれている方もいるかもしれない。解説がなくてももちろん楽しむことはできるが、解説があることで普段とは違う発見があったり、日頃から動物たちと触れ合っている飼育担当のさまざまなエピソードを聞けたりするのはとても楽しい機会だ。それは、伝える側のわたしたちにとっても楽しい時間となっている。

京都市動物園では毎週土曜日に飼育担当たちによるガイド「ごはんですよ～！」[*]を実施している。ガイド名からなんとなく想像がつくかもしれないが、動物たちがごはんを探し出したり食べたりしている様子を来園者さんに観察してもらいながら飼育担当たちが解説をするイベントだ。

そういった定例のガイドのほかに、京都市動物園 生き物・学び・研究センターでは、おもに学校の校外学習などで動物園を訪れる方々に向けたガイドやレクチャーを担当している。これは40分程度の少し長めのプログラムになっていて、屋外だけではなく正面エントランスにあるレクチャールームで写真や動画を使いながらお話するプログラムもある。小学校の皆さんからは「動物園の仕事」や「動物のくらし」、「動物の赤ちゃん」といった内容にリクエストが多く、高校や大学の皆さんからは「動物園の研究」、大人の皆さんからは「動物園の歴史」などへもリクエストがある。

とりわけ小学2年生国語科で取り上げられている「どうぶつ園のじゅうい」[**]の学習に合わせて動物園を活用してくれる先生方も多く、動物園で働く「獣医の仕事」は最も要望の多いテーマ。京都市動物園の獣医師たちが働く姿、予防や検査、治療、剖検（解剖して調べること）といった日々の仕事を研究センタースタッフが撮影した動画を使

*実施は年度によって内容が変更となる場合がある。
**「どうぶつ園のじゅうい」小学校 国語2年上巻、光村図書出版

いながら解説し、レクチャーの最後には獣医師たちが来て子どもたちからの質問に直接答えるという時間をとっている。動物園内で働く姿を見かける機会が多い飼育員たちと比べて、獣医師たちは動物舎のバックヤードや診療室などで処置を行ったりしているため、来園者のみなさんにとってもイメージが曖昧な存在かもしれないが、日々、動物たちの健康を支えてくれている、動物園に欠かせない大切なスタッフだ。学校での授業と動物園での解説を通じて、子供たちにとって印象に残る存在になっていればと思う。

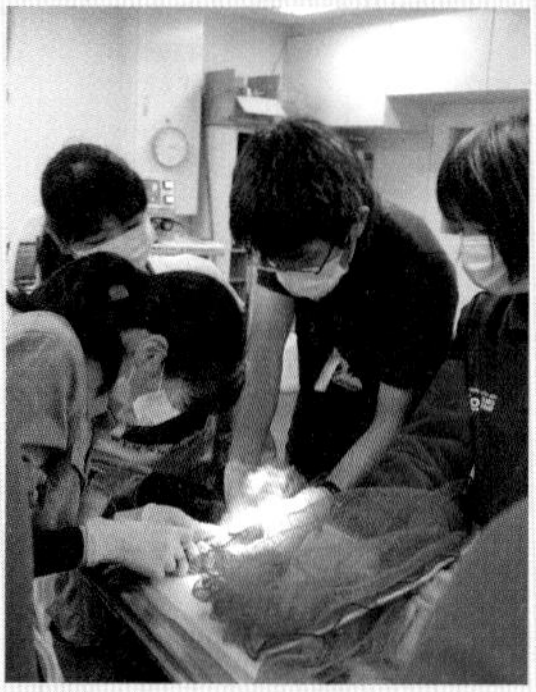

獣医の仕事　健康診断

「動物の赤ちゃん」のテーマでは、さまざまな動物の赤ちゃんが生まれてくるときの様子や出産後のお母さんたちの様子などを紹介している。出産や子育てのテーマは野生動物のドキュメンタリー作品等にもたくさんの素晴らしい映像があり、皆さんもご覧になったことがあるかもしれない。動物園でも、誕生の直後、羊水に包まれていた赤ちゃんの濡れた体をお母さんが舐めて乾かすのを手伝っているところや、赤ちゃんが自力で立ち上がる様子などを紹介している。さきの「獣医の仕事」にもつながるが、レントゲンやエコーを使ってお腹の様子を確認したり、人が出産や孵化(ふか)の手助けをしたりする様子は、動物園ならではの映像かもしれない。ちょうど園内に動物の赤ちゃんがいる時期には、レクチャーと併せて実際の動物の赤ちゃんにも出会うことができる。やはり、ニシゴリラの赤ちゃんキンタロウ*(♂)とお兄ちゃんのゲンタロウ**(♂)やチンパンジーのロジャー***(♂)とお兄ちゃんのニイニ****(♂)が兄弟でじゃれあって遊び、学び合う風景は、わたしたちが用意するどんな教材や映像にも勝るものだ。

*ニシゴリラ・キンタロウ　2018年12月19日生まれ
**ニシゴリラ・ゲンタロウ　2011年12月21日生まれ
***チンパンジー・ロジャー　2018年6月13日生まれ
****チンパンジー・ニイニ　2013年2月12日生まれ

○参加型イベント

動物園での教育プログラムは「動物」をテーマとしたものだけではない。動物園内の緑地を活用して、環境教育プログラムを実施している。その緑地とは何かというと、「田んぼ」と「畑」。京都の森エリアの中央には3段の棚田があり、そこで「どうぶつえん米をつくろう！」という来園者参加型イベントを行っている。

〈京都の森〉でのイベント

このイベントは春の田植え、夏の生き物観察会、秋の稲刈りとはざかけ、冬の脱穀と精米といった体験を通して、私たちの暮らしのなかにある二次的自然空間について学んでもらう内容になっている。春先にはレンゲの花が咲いたり、水路から田へ水を入れはじめるとツバメが巣材やエサを集めにやってきたり、トンボやカエルが卵を産みにきたり、もちろん稲が生長していく様子も含めて、〈京都の森〉エリアの風景のひとつとなっている。

園内の木道の上に設けられている畑では、「野菜をつくって動物たちにたべてもらおう！」というイベントを行っている。この畑ではアジアゾウとグレビーシマウマの糞からできた肥料*を活用して土づくりを行い、育った野菜を動物たちに食べてもらっている。初年度はサツマイモ、次年度はスイカ、今年度はトマトを栽培し、いずれも大収穫になった。これまでゴミになってしまっていた糞が土づくりに活かされ、育った野菜が動物たちの体に入り、また土に還っていく、動物園の小さな循環の取り組みだ。

（瀬古祥子）

*バックヤードに設置されたコンポストで、アジアゾウとグレビーシマウマの糞を微生物の力で分解発酵させて堆肥化している。

終章

そして京都市動物園のすすむ道

京都市動物園で現在進めている様々な取り組みを紹介してきた。これまでに述べてきた通り、動物園を取り巻く環境は大きく変わっている。それは、地球環境に対する人間の責任が大きく問われていることに起因している。

従来、動物園の取り組みの目標は、繁殖を進めて、飼育下の個体群を安定して維持することであり、野生から稀少な動物種を収奪することを止めることで、動物園が野生の個体群や自然環境に負担をかけないことだった。飼育下での稀少種繁殖の先には、野生への再導入という目標もあったし、日本でも実際にコウノトリやトキなどの成功例がある。現在、ツシマヤマネコやライチョウなどで具体的な取り組みが始まっている。

それでも、あくまで動物園がすることは動物を飼育し繁殖させることだった。それ以上の地球規模の環境問題を考えたり、伝えたりすることを強く求められてはこなかったと思う。それよりも、動物の赤ちゃんを見てかわいいと思い、活き活きと動く動物の姿に美しいと思える、市民のためのレクリエーション施設としての充実を求められてきた。しかし、時代の要請は、動物園において飼育している動物たちが本来生息する自然へ、さらに地球の環境へ目を向けさせ、ともに生物多様性を守る活動へとつなげることが求められている。

第4章でも述べたが、アジアゾウのふるさとラオスを訪ねると、そこにはまさに経済発展と自然環境の持続的利用、さらに国の文化的シンボルであるゾウの保護といった課題に直面していた。このような問題はラオスに限らない。京都市動物園のもうひとつのシンボル動物であるゴリラが野生で生息する国では、紛争や貧困といった課題の中で野生動物を守る努力が払われている。今や、このような自然環境、地球環境に対する意識は高まる一方であり、動物園がそのような流れから離れて、昔と変わらずお客さんを喜ばせる努力だけ払っていればよいという時代ではなくなっている。

京都市では、ＳＤＧｓ（持続可能な発展のために、国連で定めた17の開発目標）の達成のために市をあげて取り組んでいる。動物園でも17の目標すべてとはいかないが、関連する目標について達成に貢献していきたい。また、まだまだ普及していないＳＤＧｓについて、普及啓発するプログラムを動物園でも行ってきたし、これからも進めていこうと思う。

現在の動物園としての役割を果たすため、さらに国際文化観光都市である京都市にある動物園としての存在意義を高めるため、京都市動物園では2年間をかけて新たな「いのちかがやく京都市動物園構想２０２０」を策定した。この理念と行動指針に基づき、5つの柱の下に27の施策を掲げている。詳しくは京都市動物園のホームページをご覧いただきたい（本書巻末のwebサイトリスト参照）。そこには従来なら動物園の仕事とは思われなかったことが書き連ねられている。

動物園だけでできないことも協力すればできるかもしれない

京都市動物園は、2008年に京都市と京都大学の間で結ばれた「野生動物保全に関する研究と教育についての連携協定」を皮切りに、これまで京都精華大学、（公財）山階鳥類研究所、嵯峨美術大学・嵯峨美術短期大学、平安女学院大学との連携協定に基づいて、研究や教育に関して協同した取り組みを始めている。とくに最近では、京都市らしく、アートや文化の力を使った取り組みも始まった。より多くの人に「伝える」という面で新たな展開が可能になると期待している。

研究機関以外にも、京都市内にある京都府立植物園、京都水族館、京都市青少年科学センターと連携した「きょうと☆いのちかがやく博物館」として、一年を通して各施設で協同ワークショップを開いている。ラオスとの「ゾウの繁殖プロジェクト」は、ラオス農林省森林局、ラオス国立大学と連携している事業である。繁殖に関する研究では大学等の研究機関と連携している。動物園の〈京都の森〉は、「京都ほたるネットワーク」の皆さんに協力いただいて進めている。包括的な連携協定を結んではいないが、本書第1章で紹介したイチモンジタナゴの繁殖については、琵琶湖博物館をはじめとする多くの方々との協力により成り立っている。さらにその他にも、たくさんの人々と協力して、研究や教育、そして種の保全について取り組んでいる。

これまでの章でも述べてきたが、動物園の第一の役割は野生動物の「種の保存」。そのために動物の調査をするし、動物園の動物だけでなく、野生の動物たちが今の日本で、今の世界で置かれている現状を伝えるための教育プログラムも進めていきたい。その中で、とくに今、世界中で進められている飼育動物の福祉に対して、さらに高いレベルを目指すことを掲げている。第2章で独立に取り上げたことでも、その重要性を理解いただけると思う。本書では現在までに進めてきた種の保存・研究・教育について紹介してきたが、新たな「いのちかがやく京都市動物園構想２０２０」ではいずれも動物園の外にいる人たちとの協力が重要となる。動物園で取り組むべき課題はとても多く、もはや内部の職員だけでやりきれるものではない。また、課題は動物園だけに関わるものではなく、ひとつひとつは関係する人たちはたくさんいることがわかってきた。志を同じくする人たちと連携することで、より大きな力となって課題にあたることができると信じている。これからの京都市動物園がどこまで行けるか、温かく、そしてときには厳しいまなざしで見つめていただきたい。

（田中正之）

あとがき

私が前著『生まれ変わる動物園―その新しい役割と楽しみ方―』で、まさにリニューアル進行中の京都市動物園での取り組みを紹介したのが２０１３年のことだった。書き始めたのはその2年前の２０１１年。３月に東日本大震災が起こり、誰もが未来に不安を感じていたとき、大震災のわずか10日後に、当時所属していた京都大学野生動物研究センターは、同センターが当時連携協定を結んでいた4つの動物園（京都市動物園、名古屋市東山動植物園、熊本市動植物園、よこはま動物園）とともに、京都会館（現在のロームシアター京都）で、「動物園大学」を開催した。動物園大学の精神は、①動物のよりよい暮らしのサポート（飼育技術の向上）、②動物や、動物をとりまく環境の理解（飼育下から野生まで）、③動物の健康・繁殖・福祉の充実、と高い目標を掲げ、それらを市民のみなさんにわかりやすく、楽しく伝えようとするものだった。今でも覚えているが、当時は、この種の「楽しげな、明るい」企画はほとんどすべて自粛しなければならない、という空気が日本中に漂っていたが、その中で京都大学野生動物研究センターは開催を決断し、開催都市である京都市も応援してくれた。そして、会場には２５０人を超える人達が集まってくれた。

ここからスタートして、動物園大学は他都市を回って毎年開催し、第8回まで数えた。２０１９年から別に開催していた水族館大学と合体して、再び京都市で動物園水族館大学として開催、３００人を超える人が集まった。

２０１３年、前著を出すのとほぼ機を一にして、私は京都大学から京都市動物園に籍を移した。

生き物・学び・研究センターという組織が京都市動物園にでき、その新しいセンターを率いる立場となった。それまで外から「生まれ変わる動物園」を見ていた身から、その変化を担う一員となったわけだ。それから7年が経ったが、どれだけのことができただろうか。少なくともこの間に京都市動物園のリニューアルが完成し（2015年）、2017年には生き物・学び・研究センターの機能強化のために、京都大学から本書の共同執筆者である山梨裕美を迎え、研究を本来の仕事とするポストを作ることができた。2018年には、京都市動物園として、日本学術振興会の科学研究費補助金（科研費）を申請・管理できる学術研究機関として認められた。そして2020年、京都市動物園は「近くて楽しい動物園」から、「いのちかがやく京都市動物園」へと、新しい構想に基づいてさらに生まれ変わろうとしている。これまでにラオスと国際共同プロジェクトとしてゾウがやってきた。京都精華大学、（公財）山階鳥類研究所、嵯峨美術大学・嵯峨美術短期大学、平安女学院大学とそれぞれ連携協定を結んだ。府立植物園・京都水族館・京都市青少年科学センターとの包括連携協定に基づく共同ワークショップは4年間続けてきた。後から思えば「激動」の日々だったかもしれないが、当事者である私たちは、必要なことを粛々と進めてきた結果、今があるように思う。

その間に動物園、水族館を取り巻く社会の目がずいぶん変わって来た。とくに、世界から日本が見られていることを意識せざるをえないようになった。もはや、日本の動物園・水族館での動物の扱い方が、世界の動物福祉水準に照らして批判を受ける時代だ。京都市動物園が定める新しい京都市動物園構想も、その時代の流れを十分に意識している。ただし、すべてがすぐにうまくいくわけではない。高い目標を掲げ、これからそこに到達するべく努力を続けるという意思表明だ。構想の内容はすべて公開されるので、これから京都市動物園が何をしてゆくのか、見続けてほしい。目標から外れていこうとしていたら、批判も歓迎である。

本書で紹介した取り組みは、「はじめに」でも書かせていただいたが、京都市動物園職員だけで進めてきた（進めている）ものではない。多くの市民、専門家、企業の支援・協力を得て進められている取り組みも多い。

本書第2章で紹介した、第14回国際環境エンリッチメント会議は、京都大学霊長類学・ワイルドライフサイエンス・リーディング大学院（PWS）、京都市動物園、（公社）日本モンキーセンター、SHAPE-Japanと、日本学術振興会の研究プロジェクト「大型動物研究を軸とする熱帯生物多様性保全の国際研究拠点（CET-Bio）」の共催で行われた。また、京都市動物園など国内の主要な動物園・水族館が加盟する（公社）日本動物園水族館協会のほか、日本霊長類学会、日本応用動物行動学会、ヒトと動物の関係学会、（一社）日本行動分析学会、市民ZOOネットワーク、日本野生動物医学会、（一社）日本実験動物技術者協会といった、多くの団体からの後援をいただいて開催されたものだ。

第4章で紹介した、「ゾウの繁殖プロジェクト」は、京都信用金庫と洛中ロータリークラブから毎年いただいている寄付金によって継続している。とくに京都信用金庫では、その後の取り組みとして、毎年行員のご家族が動物園での清掃ボランティアの作業を行っていただいている。お返しにプロジェクトの報告を行い、ゾウたちだけでなく京都市動物園の現在の様子をお知らせしている。

本書で紹介した京都市動物園で行った研究は、日本学術振興会の科学研究費補助金（科研費）によって行ったもの、または現在も継続しているものである。研究代表者として、京都市動物園生き物・学び・研究センターの田中正之（No. 17K00204）、伊藤英之（No. 19K15861, 16H06892）、山梨裕美（No. 17K17828）の3名が受領している。また、以下の皆さまの科研費の研究分担者として支援を受けた：京都大学高等研究院の松沢哲郎先生（No. 24000001）、同野生動物研究センターの村山美穂先生（No. 17K19426）、狩野文浩先生（No. 19H01772）、同霊長類研究所の友永雅己先生（No. 15H05709）、同文学研究科の藤田和生先生（No. 16H06301）。（公財）日本科学協会より笹川科学研究助成（2019-1033）から支援も受けた。京都大学 霊長類学・ワイルドライフサイエンス・リーディング大学院、JSPS研究拠点形成事業A．先端拠点形成型（CCSN）、京都大学霊長類研究所共同利用・共同研究（2018-H30-A33, 2019-H31-A32）、同野生動物研究センター（2016-計画2-15、2017-A-35）、伊藤忠兵衛基金、（公財）鹿島学術振興財団による支援も受けた。ここにその支援に対して謝辞を述べたい。

最後になったが、本書の出版を企画し、このような本にしてくれた「小さ子社」の原宏一氏、大津トモ子氏には、心よりの感謝を捧げたい。本書お誘いのきっかけが、子どもが中学生のときに務めていたＰＴＡの役員として、私を知っていただき、ことあるごとに動物園のことを話していたことで、京都市動物園のことに目を向けてくれたと聞いた。どんなところにチャンスが転がっているかわからないものだ、と妙に感動したことを覚えている。本書を手にとってくださった読者の皆様にとって、本書が何かの縁を結ぶものであれば無上の幸いである。

執筆者を代表して、

京都市動物園　生き物・学び・研究センター

田中 正之

もっと知りたい人のための書籍・Webサイトリスト

【京都市動物園と深く関連する本・Webサイト・SNS】

田中正之 著『生まれ変わる動物園―その新しい役割と楽しみ方―』化学同人，2013年
あんずゆき 著『返そう赤ちゃんゴリラをお母さんに』文溪堂，2013年
キムファン 著『ツシマヤマネコ飼育員物語: 動物園から野生復帰をめざして』くもん出版，2017年
京都大学野生動物研究センター 編『野生動物―追いかけて、見つめて知りたいキミのこと―』京都通信社，2018年

「いのちかがやく京都市動物園構想2020」 https://www5.city.kyoto.jp/zoo/about/scheme/

京都市動物園ホームページ https://www5.city.kyoto.jp/zoo/
――共汗でつくる新「京都市動物園構想」
https://www5.city.kyoto.jp/zoo/uploads/file/seibikousou211120.pdf
――教育プログラム https://www5.city.kyoto.jp/zoo/crew/education/
――生き物・学び・研究センター https://www5.city.kyoto.jp/zoo/crew/
――チンパンジーたちのお勉強スケジュール https://www5.city.kyoto.jp/zoo/crew/schedule/
――ゾウの繁殖プロジェクト https://www5.city.kyoto.jp/zoo/hozen/elephantbreedingproject/

公式 twitter https://twitter.com/kyotoshidoubut1
公式 facebook https://www.facebook.com/京都市動物園-158316821020682/
公式 Instagram https://www.instagram.com/kyotoshidoubutsuen/

【その他のおすすめ本】（発行年順）

川端裕人 著『動物園にできること「種の方舟」のゆくえ』文藝春秋，のち文庫，1999年
朝日新聞秋田支局 編『義足のキリン たいようの一生―彼を支えた人々の日記』講談社，2003年
佐藤衆介 著『アニマルウェルフェア―動物の幸せについての科学と倫理』東京大学出版会，2005年
岩貞るみこ 著『しっぽをなくしたイルカ―沖縄美ら海水族館フジの物語』講談社，2007年
伊勢田哲治 著『動物からの倫理学入門』名古屋大学出版会，2008年
クアトーン・カヤン 著『星の子モーシャ―義足をつけた子ゾウの絵日記』新樹社，2009年
Appleby MC, Hughes BO 編著，加隈良枝他 訳，佐藤衆介，森裕司 監修『動物への配慮の科学―アニマルウェルフェアをめざして』チクサン出版社，緑書房，2009年
釧路市動物園 写真・林るみ 文『タイガとココア―障がいをもつアムールトラの命の記録』朝日新聞出版，2009年
村田浩一，楠田哲志 監訳『動物園学』文永堂出版，2011年（原典：G. Hosey, V. Melf&S. Punkhurst: Zoo Animals Behavior, Management and Welfare. 2010.）

村田浩一，楠田哲志 監訳『動物園動物管理学』文永堂出版，2014年（原典：D. G. Kleiman, K. V. Thompson, C. K. Baer: Wild Mammals in Captivity: Principles and Techniques for Zoo Management, Second Edition.）
石田戢 著『日本の動物園』東京大学出版会，2010年
成島悦雄 編著『大人のための動物園ガイド』養賢堂，2011年
テンプル・グランディン，キャサリン・ジョンソン 著，中尾ゆかり 訳『動物が幸せを感じるとき―新しい動物行動学でわかるアニマル・マインド』NHK出版，2011年
ヴィクトリア・ブレイスウェイト 著，高橋洋 訳『魚は痛みを感じるか？』紀伊国屋書店，2012年
村田浩一，原久美子，成島悦雄 編『動物園学入門』朝倉書店，2014年
バーバラ・J・キング 著，秋山勝 訳『死を悼む動物たち』草思社，2014年
上野吉一，武田庄平 編『動物福祉の現在―動物とのより良い関係を築くために』農林統計出版，2015年
座馬耕一郎 著『チンパンジーは365日ベッドを作る』ポプラ社，2016年
ヴォルフガング・サルツァート 著，冨澤奏子 訳『動物園を魅力的にする方法　展示デザインにおける12のルール』文永堂出版，2018年
日本モンキーセンター 編『霊長類図鑑―サルを知ることはヒトを知ること』京都通信社，2018年
松本朱実 著『動物園教育で子どもたちがアクティブに！―主体的な学びを支援する楽しい観察プログラム―』学校図書，2018年
諸井克英，古性摩里乃 著『動物園の社会心理学―動物園が果たす役割と地方動物園が抱える問題』晃洋書房，2018年
打越綾子 編『人と動物の関係を考える―仕切られた動物館を超えて』ナカニシヤ出版，2018年
川端裕人，本田公夫 著『動物園から未来を変える　ニューヨーク・ブロンクス動物園の展示デザイン』亜紀書房，2019年
川口幸男，アラン・ルークロフト 著『動物園は進化する』ちくまプリマー新書，2019年

【ウェブページ】

公益社団法人 日本動物園水族館協会　https://www.jaza.jp/
国際自然保護連合（IUCN）「絶滅のおそれのある野生生物のレッドリスト」 http://www.iucnredlist.org/ja/
SHAPE-Japan: The Shape of Enrichment 日本支部のページ　http://www.enrichment-jp.org/
大型類人猿情報ネットワーク　GAIN［Great Ape Information Network］　https://shigen.nig.ac.jp/gain/top.jsp
京都大学野生動物研究センター　http://www.wrc.kyoto-u.ac.jp/
京都大学霊長類学・ワイルドライフ・リーディング大学院　http://www.wildlife-science.org/index.html
Japan SDGs Action Platform（外務省のウェブサイト内のページ）　https://www.mofa.go.jp/mofaj/gaiko/oda/sdgs/about/index.html

田中 正之（たなか まさゆき）

京都市動物園 生き物・学び・研究センター長。博士（理学）。
京都大学霊長類研究所助教、同大学野生動物研究センター准教授を経て、2013年から現職。京都市と京都大学が連携協定を結んだ2008年4月から、京都市動物園に大学教員として常駐していた。チンパンジー、ゴリラ、テナガザル、マンドリルの「お勉強」担当だが、最近は会議会議で、動物園にいて動物に会えないのが悩み。動物園では霊長類以外の動物の研究にも携わるので、毎回新鮮な驚きを感じる。休みの日は、鴨川沿いの遊歩道をランニングしながら頭の中の整理をしている。類人猿分類では小心者で平和主義者の「ゴリラ」らしい。

山梨 裕美（やまなし ゆみ）

京都市動物園 生き物・学び・研究センター 主席研究員。博士（理学）。
京都大学霊長類研究所でチンパンジーのことばかり考えていた大学院生活を送った後に、京都大学野生動物研究センターへ。2017年より現職となり、動物福祉という視点から研究や動物園の活動に携わっている。多様な動物に関わるようになり、教えてもらうことばかりの新鮮な日々。野生動物を見るのが好きで、国内外問わず気になったら出向いている。テニスも好き。類人猿分類では、仕事で見すぎたせいか「チンパンジー」。不服なところもあるけれど、好奇心が先立ってしまうところは似ているかもしれない。

伊藤 英之（いとう ひでゆき）

京都市動物園 生き物・学び・研究センター 研究教育係長。グレビーシマウマ計画管理者、博士（理学）・獣医師・学芸員。
2007年4月から獣医師として動物園に勤務。2017年4月から現職。研究は主にツシマヤマネコやグレビーシマウマの保全遺伝学研究を行っている。また、獣医師時代から、1年に1体（中・大型動物）を目標に骨格標本や皮革標本の作製を行っている。

櫻庭 陽子（さくらば ようこ）

京都市動物園 生き物・学び・研究センター 研究推進嘱託員。
2016年3月京都大学理学研究科博士課程認定退学、同年11月に博士号（理学）取得。京都大学霊長類研究所非常勤研究員を経て2017年6月から現職。京都市動物園ではチンパンジーとゴリラのお勉強の手伝いをしつつ、他の動物園にも出没して身体障害があるチンパンジーの観察・研究をしている。また生き生きとした動物たちの写真を残すべく、園内では一眼レフを持ち歩いていることが多い。

瀬古 祥子（せこ さちこ）

京都市動物園 生き物・学び・研究センター 教育普及嘱託員。京都府立大学大学院ランドスケープ学研究室共同研究員、博士（学術）。
2017年から現職。本園の教育プログラムを担当。来園者向けのレクチャーやガイドを行っている。来園者の方が普段みることのできない映像なども撮りためて、動物園のことをたくさん発信していきたい。

長尾 充徳（ながお みつのり）

京都市動物園 種の保存展示課 飼育展示・動物管理係長。
日本動物園水族館協会生物多様性委員会 保全戦略部員（ツシマヤマネコ担当）。
これまで、有蹄類、クマ類、霊長類、猛禽類など、さまざまな動物を担当。オオタカやシロテテナガザルの人工授精にも着手し、ニシゴリラ担当時には、国内で初となる人工哺育個体を10か月半で両親の元に戻すことにも関わった。現在、担当動物を持っていないため、少し寂しい毎日を送っている。幼少期から自然とふれあうことが好きで、現在も釣りやキャンプ、野生動物観察などで余暇を過ごしている。

高木 直子（たかぎ なおこ）　＊本書のカバーイラスト、カットを担当

京都市動物園 種の保存展示課 飼育展示・事業推進担当係長。
京都市動物園内の野生鳥獣救護センター、「おとぎの国」嘱託員を経て、1993年から職員として動物飼育に携わる。学歴も資格もなく、ただただ動物と向き合ってきた。そのうち、動物の特徴、個体の特徴を絵にするようになり“ウソのないイラスト”を趣味で描くようになる。体力はあるができれば動きたくないインドア派。しかし12年キリンを担当したおかげで筋肉ムキムキになり、なんだか得をした。類人猿分類ではチンパンジーに憧れる「オランウータン」。

米田 弘樹（よねだ ひろき）

京都市動物園 種の保存展示課 飼育員。
2010年から同動物園で働いている。今まで両生類、爬虫類、夜行性動物、アジアゾウ、ケープハイラックス、ホンシュウジカなどを担当。その中でもアジアゾウの担当が一番長く、約9年間になる。その間にはゾウのお引っ越し、新規個体の導入、ゾウ同士の同居などがあり、ゾウから多くのことを学ぶ。これからはゾウの繁殖および高齢ゾウのケアが課題である。趣味はテニス・水泳・数独。

島田 かなえ（しまだ かなえ）

京都市動物園 種の保存展示課 飼育員。
現在はヤブイヌとアジアゾウを担当している。今までにサル類、おとぎの国の動物たちを担当。趣味は、山に登ること、バードウォッチングなど。好きな野鳥はイカル。

安井 早紀（やすい さき）

京都市動物園 種の保存展示課 飼育員。
アジアゾウと、ナマケモノ、ハリネズミなどの夜行性動物などを3年間担当したのち、2017年4月よりニシゴリラを担当している。担当が代わった当初は、ゴリラのことはほとんど知らなかったが、今ではすっかりゴリラの魅力にはまっており、毎日ゴリラたちに会えることに幸せを感じている。最近は、キンタロウが生まれたことで、モモタロウ一家4頭それぞれの成長が見られることが楽しみ。

● テキストデータ提供のお知らせ

視覚障害、肢体不自由、発達障害などの理由で本書の文字へのアクセスが困難な方の利用に供する目的に限り、本書をご購入いただいた方に、本書のテキストデータを提供いたします。
ご希望の方は、必要事項を添えて、下のテキストデータ引換券を切り取って（コピー不可）、下記の住所までお送りください。

【必要事項】データの送付方法をご指定ください（メール添付　または　CD-Rで送付）
メール添付の場合、送付先メールアドレスをお知らせください。
CD-R送付の場合、送付先ご住所・お名前をお知らせいただき、200円分の切手を同封してください。

【引換券送付先】〒606-8233　京都市左京区田中北春菜町26-21　小さ子社

＊公共図書館、大学図書館その他公共機関（以下、図書館）の方へ
図書館様がテキストデータ引換券を添えてテキストデータを請求いただいた場合も、図書館様に対して、テキストデータを提供いたします。そのデータは、視覚障害などの理由で本書の文字へのアクセスが困難な方の利用に供する目的に限り、貸出などの形で図書館様が利用に供していただいて構いません。

いのちをつなぐどうぶつえん
うまれてからしぬまで、どうぶつのくらしをさぽーとする

いのちをつなぐ動物園

生まれてから死ぬまで、動物の暮らしをサポートする

2020年3月20日　初版発行
2022年3月20日　第2刷

編　者　京都市動物園　生き物・学び・研究センター

発行者　原　宏一

発行所　合同会社小さ子社
〒606-8233 京都市左京区田中北春菜町26-21
電　話 075-708-6834
F A X 075-708-6839
E-mail info@chiisago.jp
https://www.chiisago.jp

イラスト　タカギナオコ

装　丁　中島佳那子（鷺草デザイン事務所）

印刷・製本　亜細亜印刷株式会社

ISBN 978-4-909782-04-5